"十三五"国家重点出版物出版规划项目

材料科学研究与工程技术图书

石墨深加工技术与石墨烯材料系列

基于二维碳材料的聚合物阻燃技术：从石墨层间化合物到石墨烯

FLAME RETARDANT POLYMERS BASED ON
TWO-DIMENSIONAL CARBON MATERIALS:
FROM GRAPHITE INTERCALATION
COMPOUNDS TO GRAPHENE

韩志东　著

U0211802

哈尔滨工业大学出版社
HARBIN INSTITUTE OF TECHNOLOGY PRESS

内 容 简 介

　　纳米碳材料在较低的添加量下就能明显改善聚合物的阻燃性能，这符合高效与环境友好的阻燃材料的发展方向。而以石墨烯为代表的二维碳材料的阻燃技术是现今科研人员关注的热点。本书主要介绍了二维碳材料及其阻燃材料，全书共 4 章，从石墨层间分子级复合到片层剥离与氧化，系统地介绍了从石墨层间化合物到石墨烯的制备、结构、性能与阻燃机理。

　　本书涵盖了二维碳材料的设计、制备与应用，可供从事新型碳材料、阻燃材料及纳米复合材料等科技研究人员、产品研发人员及生产技术人员等参考，也可供相关专业的本科生和研究生学习和借鉴。

图书在版编目(CIP)数据

　　基于二维碳材料的聚合物阻燃技术:从石墨层间化合物到石墨烯/韩志东著. —哈尔滨:哈尔滨工业大学出版社,2019.6

　　ISBN 978－7－5603－8108－4

　　Ⅰ.①基… Ⅱ.①韩… Ⅲ.①碳质耐火材料－石墨－研究 Ⅳ.①TQ175.71

　　中国版本图书馆 CIP 数据核字(2019)第 069068 号

材料科学与工程
图书工作室

策划编辑　杨　桦　许雅莹　张秀华
责任编辑　李长波　庞　雪
封面设计　卞秉利
出版发行　哈尔滨工业大学出版社
社　　址　哈尔滨市南岗区复华四道街 10 号　邮编 150006
传　　真　0451－86414749
网　　址　http://hitpress.hit.edu.cn
印　　刷　黑龙江艺德印刷有限责任公司
开　　本　660mm×980mm　1/16　印张 11.75　字数 208 千字
版　　次　2019 年 6 月第 1 版　2019 年 6 月第 1 次印刷
书　　号　ISBN 978－7－5603－8108－4
定　　价　48.00 元

序　言

在《基于二维碳材料的聚合物阻燃技术：从石墨层间化合物到石墨烯》著作出版之际，受作者之邀为本书作序，荣幸之至。

正如书中所述，碳材料几乎展现了地球上所有物质具有的性质，其应用研究已经或将继续证明，随着碳材料阻燃应用研究的深入，必然赋予阻燃材料更多的功能，如良好的力学、导热、导电、吸波及疏水和疏油等性能，以满足新兴产业对特种阻燃高分子材料的需求。因此，出版介绍碳材料在阻燃方面的理论研究及应用探索成果的著作着实必要。

在拜读此书的过程中，我在思考一个问题：为什么作者聚焦碳材料，而且是二维碳材料的聚合物阻燃技术？或许与二维碳材料的阻燃应用潜质有关。从本书的叙述可知，由天然鳞片石墨插层能够得到分子水平的复合物，也可以原位氧化或机械剥离为石墨烯薄片，或者将氧化石墨烯功能化，从而实现阻燃材料所追求的应用性能。以氢氧化铝阻燃聚乙烯复合材料为例，添加质量分数为0.5％的石墨烯薄片，除氧指数升高及热释放速率显著下降外，总烟释放量可降低56％。这归因于二维碳材料与ATH协同，形成了连续致密的炭层，增强了阻隔作用。

在拜读此书之后，有感于作者写作的深入细致、数据翔实及行文流畅，更欣喜地看到这部著作给读者展示了丰富多彩的碳材料化学及晶体结构，揭示了结构与应用性能的构效关系，详细叙述了二维石墨层间化合物、石墨（烯）薄片及氧化石墨烯的制备和性能的影响因素，以及在多种聚合物材料中阻燃应用研究的结果。

本书不仅是从事碳材料阻燃应用研究的著作，也将为从事二维碳材料其他应用性能的研究提供不可多得的参考。

北京理工大学

郝建薇

2019 年 4 月于北京

前　　言

从石墨发展到石墨烯是一个漫长的历史过程。关于石墨的应用最早可追溯到 6 000 年前,而关于石墨烯的研究较早出现在 20 世纪 60 年代。当时,石墨层间化合物所表现的优于石墨的异常平面导电性,使单原子层的石墨片层(即现在的石墨烯)的研究受到重视。石墨层间化合物对于开启石墨烯的研究功不可没。迄今为止,有关石墨层间化合物和石墨烯的制备、结构与性能的研究已十分广泛,并开始引发一场全球的材料革命。

近年来,有关碳材料阻燃技术的探索方兴未艾,成为引领阻燃新技术的方向之一,其中以具有二维长程有序特点的石墨层间化合物和石墨烯为代表的二维碳材料在聚合物阻燃领域中的应用受到广泛关注。相比于零维的富勒烯和一维的碳纳米管,二维的石墨烯在减少燃烧热释放、抑制火焰传播、降低材料的易燃性等方面,展现出独特的效果,成为继碳纳米管之后,在阻燃聚合物领域最具潜在应用价值的碳纳米材料。

基于二维碳材料的聚合物阻燃技术的典型应用来自于可膨胀石墨。作为分子级复合物,可膨胀石墨在阻燃泡沫、防火涂料及阻燃树脂材料等领域获得了广泛的开发和应用,是一种高效的物理膨胀型阻燃剂。氧化石墨(烯)和石墨烯的应用进一步丰富了二维碳材料的阻燃技术,使其成为一种获得高效阻燃技术的方法和途径。

本书汇集了作者在哈尔滨理工大学、北京理工大学和都灵理工大学从事的有关石墨层间化合物、石墨烯和氧化石墨(烯)的制备、结构及其阻燃聚合物体系的阻燃性能与阻燃机理的研究成果,并得到了王建祺教授和 Giovanni Camino 教授的指导和帮助。本书尝试从二维碳材料的角度,为读者展现较为全面的聚合物阻燃技术的研究进展,这一领域的研究在一定程度上代表了现今聚合物阻燃技术的共性问题和发展方向。

限于水平和经验等诸多因素,特别是有关石墨烯的研究工作日新月异,书中难免存在疏漏和不足之处,敬请各位专家和读者批评指正。

哈尔滨理工大学

韩志东

2019 年 3 月

目　　录

第1章　碳材料与阻燃技术

1.1　碳元素与碳材料

碳(carbon)元素位于元素周期表中第六位,是自然界分布最广泛的元素之一。碳元素在地壳中的质量分数为 0.027%,以单质或化合物的形式广泛存在,不仅是构成有机体的主要元素,在日常生活和工业生产中也发挥着重要作用。

1.1.1　C—C 键

碳原子能够以三种不同杂化轨道的方式形成 C—C 键,即 sp^3、sp^2 和 sp,如图 1.1 所示。由此形成了多种多样的碳材料[1-2]。碳原子以 sp 杂化轨道方式形成 σ 键,键角为 180°,两个 2p 电子形成 π 键,碳原子之间呈线性构型,如卡宾结构(carbyne)。碳原子以 sp^2 杂化轨道方式形成 σ 键,键角为 120°,$2p_z$ 电子形成 π 键,碳原子之间成正三角形构型,如石墨结构。碳原子以 sp^3 杂化轨道方式形成 σ 键,键角为 109°28′,碳原子为正四面体构型,如金刚石结构。

1.1.2　同素异形体

对于碳同素异形体的研究已有 200 多年的历史。碳以多种同素异形体的形式存在[3],其中,石墨(graphite)和金刚石(diamond)较为人们熟知。近年来,随着富勒烯(fullerene)、碳纳米管(carbon nanotubes)、石墨烯(graphene)的发现,碳的同素异形体进一步丰富。碳原子还以非结晶和无序的形式构成无定形碳(amorphous carbon),包括玻璃态碳(glassy like carbon)、活性炭(activated carbon)等。

由于碳原子的成键方式及晶体的堆垛方式均有不同,因此碳的多种同素异形体间性质迥异。以金刚石和石墨为例,二者从键型到晶体结构都显著不同。金刚石中的碳原子是四面体四配位,C—C 键长为 154.5 pm(1 pm $= 10^{-12}$ m),立方晶胞参数为 356.7 pm。石墨中的碳原子是三角形

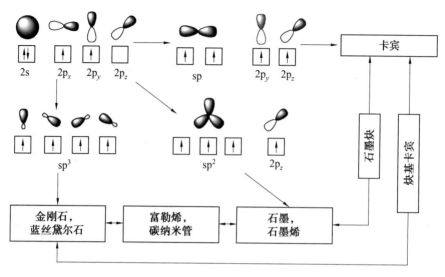

图 1.1　碳材料中的 C—C 键

三配位,由碳原子构成的平面六角网状结构层堆垛形成,片层上 C—C 键长为 141.5 pm,片层间距为 335.4 pm。

对于石墨而言,因堆垛方式不同,形成两种晶体结构,即 α—石墨(hexagonal graphite)和 β—石墨(rhombohedral graphite)[4],如图 1.2 所示。在 α—石墨中,片层以 ABAB… 的顺序垂直交替排列;而在 β—石墨中,片层的堆砌方式是以 ABCABC… 的顺序垂直交替排列。在一定条件下,两种晶体结构能够互相转变,例如,利用研磨可实现 α—石墨到 β—石墨的转变,而在 1 025 ℃ 以上进行热处理可以使 β—石墨转变为 α—石墨。在常温常压下,α—石墨被认为是热力学最稳定的碳的同素异形体。

1.1.3　碳材料

早在史前人们就已使用碳材料(如木炭),直到 18 世纪之后,碳材料才逐渐被认识和了解。碳材料的发展历史大致经历了传统碳材料、新型碳材料和纳米碳材料 3 个阶段[1],如图 1.3 所示。从史前的木炭时代,历经石炭时代、碳制品的摇篮时代、碳制品的工业化时代、碳制品的发展时代,然后迈入了新型碳制品的发展时代,之后开始了纳米碳材料的发展时代[5]。

1960 年之前,工业界广泛应用四种传统碳材料,例如,用于钢铁工业的人造石墨,用于墨水和增强橡胶的炭黑,从天然植物制备的活性炭,以及天然金刚石。1960 年之后,因碳纤维、玻璃碳和裂解碳的开发,形成了全然不同于传统碳材料的生产工艺,获得了具有新功能的碳材料,为区别于传统

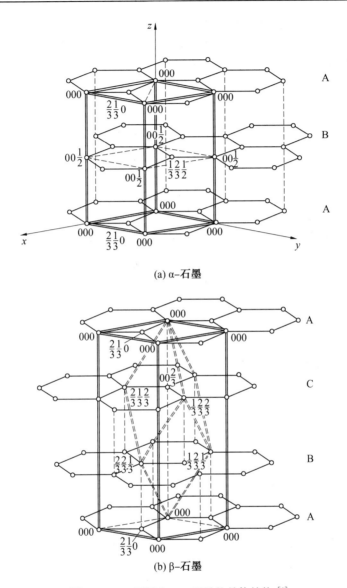

(a) α-石墨

(b) β-石墨

图 1.2 α-石墨和 β-石墨的晶体结构 [4]

碳材料,称为新型碳材料。此间,石墨层间化合物、合成金刚石以及各种碳纤维复合材料的开发和应用代表了新型碳材料的发展。1985 年,C_60 及之后富勒烯族的发现开启了纳米碳材料时代,特别是 1991 年碳纳米管的发现以及 2004 年石墨烯的发现标志着碳材料的发展进入了新的纪元。

碳材料几乎展现了地球上所有物质具有的性质。例如,最硬一最软,绝缘体—半导体—导体—超导体,绝热—导热,吸光—透光,等等。碳材料的用途十分广泛,例如,早期的木炭,近代工业的人造石墨和炭黑,当代的原子炉用高纯石墨和飞机用碳／碳复合材料,现今的锂离子二次电池材料和核反应堆用第一壁材料等,碳材料在人类发展史上具有十分重要的位置。

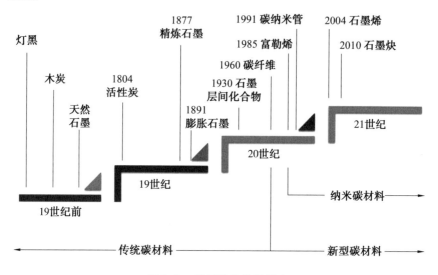

图 1.3　碳材料的发展历史

1.2　纳米碳材料

1.2.1　纳米结构材料

纳米结构材料(nano-structured materials)是指至少在一个维度上含有纳米尺寸的内部结构或组成单元并呈现尺寸效应的低维材料,是纳米技术的重要研究课题[6]。

事实上,在纳米结构材料中体现出的尺寸效应存在临界尺寸参数。只有当尺寸小于或等于这一临界参数时,因尺寸效应产生的特征物理现象才能实现,如电子自由程、德布罗意波长等[7]。在从石墨结构转变为石墨烯纳米结构的过程中,石墨烯具有完全不同于石墨的特性,例如,石墨烯的厚度只有一个碳原子厚,几乎完全透明(可见光透过率达到 97.7%),其弹性模量(1 100 GPa)、电子迁移率(15 000 $cm^2 \cdot V^{-1} \cdot s^{-1}$)、导热系数(5 300 $W \cdot m^{-1} \cdot K^{-1}$)等均具有突出特征。

具有纳米结构的原子团簇、纳米颗粒、纳米层、纳米管、纳米棒、纳米晶、纳米复合材料等,都属于纳米材料[8]。如图 1.4 所示,根据组成单元和纳米结构的空间维度可将纳米材料划分为 4 种,即零维(0D,zero-dimensional)、一维(1D,one-dimensional)、二维(2D,two-dimensional)和三维(3D,three-dimensional)[9]。其中,二维纳米结构材料具有纳米维度范围之外的两个维度[10],其具有独特的形状依赖特性,可用作纳米器件的关键构筑单元。此外,二维纳米结构材料不仅在有关纳米结构的基础理论研究中,而且在一些新兴领域的应用研究中也都引起了广泛关注。

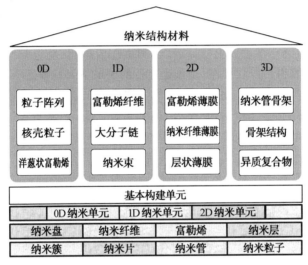

图 1.4 纳米结构材料

1.2.2 纳米碳材料

在广义上,纳米碳材料是指分散相尺度至少有一维小于 100 nm 的结构型碳材料。分散相既可以由碳原子组成,也可以由异种原子组成。自20 世纪 90 年代开始,以富勒烯、碳纳米管、石墨烯为代表的纳米碳材料成为新材料领域的重要组成部分[11]。

富勒烯(fullerene),也称为巴基球(buckyball)或足球烯(soccerene),是指完全由碳原子组成的具有空心球状、椭圆状或管状结构的一类物质[12]。最早发现的富勒烯是由 60 个碳原子组成的碳原子簇结构分子 C_{60},于 1985 年由美国莱斯大学的 Smalley、Curl 和 Kroto 首先发现,这项发现于 1996 年获得了诺贝尔化学奖。由于同时具有芳香化合物和缺电子烯烃的性质,富勒烯表现出很多优良的物理和化学性质,开启了纳米碳材料的研究时代。迄今,富勒烯不仅在光学、电学及材料科学等方面存在潜在的应用价值,而且在储能、催化及生物医学等方面也具有广阔的应用前景[13]。

碳纳米管(carbon nanotubes,CNTs)又称为巴基管(buckytube),属于富勒碳系[14]。1991年,Iijima在用石墨电弧法制备C_{60}的过程中,发现了一种多层管状的富勒碳结构,是纳米级尺寸范围的具有完整分子结构的新型碳材料,即碳纳米管。根据碳纳米管中碳原子层数的不同,碳纳米管分为单壁碳纳米管(single-walled carbon nanotubes,SWCNTs)和多壁碳纳米管(multi-walled carbon nanotubes,MWCNTs)。碳纳米管展现出独特的性质,如优良的导电和导热性能、可调控的光学特性、优异的机械强度和刚性等,使其在超级电容器、化学和生物传感器、复合材料、储氢材料等领域的研究得到广泛关注,是最受瞩目的一维纳米材料之一。

石墨烯(graphene)是由一层碳原子构成的二维碳纳米材料[15]。2004年,英国曼彻斯特大学的Andre Geim和Konstantin Novoselov成功地从石墨中分离出石墨烯,证实石墨烯可以单独存在,并因此于2010年获得诺贝尔物理学奖。石墨烯可被看作所有碳纳米材料的基元,其结构和性质与其他碳的同素异形体有极大的相关性。作为目前最受关注的二维纳米材料,石墨烯是已被发现的最薄的材料,也是最强韧的材料,同时其载流子迁移率也是目前最大的。石墨烯独特的结构和性质使其对于基础科学研究及新材料的研究与应用都具有深远的意义。石墨烯材料在新能源、微电子、传感器、化工等诸多领域的应用研究使其在相关领域的发展中发挥巨大的作用。

1.3　碳材料与阻燃技术

1.3.1　成炭与阻燃

阻燃性(flame retardance)也称为抗燃性(flame resistance),是指材料所具有的减慢、终止或防止有焰燃烧的特性[16]。阻燃性可以是材料的一种固有特性,也可以通过一定的处理赋予材料阻燃性。炭化倾向较大的聚合物具有较高的热解残余量,因而具有较高的氧指数(limiting oxygen index,LOI)。例如,酚醛树脂的热解残余量约为60%,其氧指数可达35;而聚苯乙烯的热解残余量几乎为0,其氧指数仅为18。聚合物的氧指数与

热解残余量的关系可表示为

$$LOI = 17.5 + 0.4CR$$

式中,CR 为热解残余量,为物质加热到 850 ℃ 时的剩余量,用质量分数表示;LOI 为极限氧指数,是指在规定的条件下,材料在氧氮混合气流中进行有焰燃烧所需的最低氧浓度,以氧所占的体积分数的数值来表示。

含碳聚合物受热降解、燃烧后剩余的是不同碳化程度的残炭物,而在热降解与成炭之间没有明确的分界线。借助于 X 射线光电子能谱(X-ray photoelectric spectroscopy,XPS),王建祺提出将聚合物类石墨结构转化温度作为成炭的起始温度[17],以其作为降解与炭化的分界线,或者中介相与类石墨相间的转变点,为建立热降解成炭与阻燃性能之间的关联,提供了一个重要的参数。

聚合物燃烧过程的成炭如果能够完全覆盖在燃烧的聚合物表面,就可以使火焰熄灭。炭层能够发挥阻挡层的作用,同时,凝缩相的成炭也减少了可燃性气体产物的释放,对阻燃有重要的意义。聚合物燃烧过程与成炭性的一般原则可描述为[18]:成炭量增加三分之一,生烟量约减少二分之一;若使材料的阻燃级别达到 UL94 V−0 级,成炭量需高于 30%。

传统的聚合物阻燃方式主要有 3 种[19]:① 本质阻燃聚合物。本质阻燃聚合物自身即具有良好的阻燃性能,如聚氯乙烯、含氟聚合物、芳香族酰胺−酰亚胺聚合物、硅氧烷−乙炔聚合物等,结构中含有卤素、磷、芳杂环等。② 添加型阻燃体系。如果采用含卤化合物,存在对环境的危害,如采用无机阻燃剂(氢氧化镁、氢氧化铝等),则加入量过大,导致加工困难,性能恶化。③ 膨胀型阻燃体系。膨胀型阻燃体系成本较高,阻燃剂吸潮性较大,导致材料电气性能受损,长期阻燃性能有待评价。

碳系家族(如石墨、膨胀石墨、氧化石墨、富勒烯、碳纳米管、石墨烯等)在力、热、光、电、磁等领域广受关注,有关碳材料阻燃技术的探索成为引领阻燃新技术的方向之一[20]。由于石墨烯的发现及其快速发展,以石墨烯为代表的二维碳材料在聚合物阻燃领域中的应用受到广泛关注。

1.3.2 阻燃领域中的碳材料

碳纳米管是迄今为止在阻燃聚合物领域研究最为广泛的纳米碳材料之一。Laoutid 等[21]对碳纳米管在聚丙烯(polypropylene,PP)纳米复合材料中相关阻燃技术的研究进展进行了综述,表明碳纳米管在燃烧过程中能够形成网状炭层,不仅起到阻挡层的作用,而且能够将产生的热辐射反射回气相,有效降低了聚合物降解的速率。然而,碳纳米管的团聚和缠绕问题导致其难以均匀分散在聚合物基体中,使碳纳米管的加工和应用存在很大挑战。为此,碳纳米管的功能化与改性成为提高其分散与阻燃性能的重要手段。

采用具有阻燃功能的物质对碳纳米管进行功能化处理有助于同时改善其分散性和阻燃性能[22],是仅采用有机物质改性碳纳米管所不具备的功能[23]。Ma 等[24]的研究表明,在丙烯腈 — 丁二烯 — 苯乙烯共聚物(acrylonitrile-butadiene-styrene copolymer,ABS)中添加质量分数为 0.2% 的阻燃接枝改性的碳纳米管即可形成碳纳米管的网状炭层,使纳米复合材料的热释放速率峰值(p-HRR)降低 50%,而添加 1% 碳纳米管的 ABS 的 p — HRR 下降了 55%,可见膨胀阻燃剂接枝碳纳米管在改善分散性和阻燃性能中的作用。Fu 等[25]采用羟基化的碳纳米管用于 PP/ 木粉复合材料,与碳纳米管相比,羟基化碳纳米管由于与木粉和 PP 基体的界面黏结性能的改善而获得了较好的阻燃性能,结果表明,分别添加 1.0% 的碳纳米管和羟基化碳纳米管,复合材料的 p — HRR 分别降低了 16.7% 和 25%。

值得注意的是,碳纳米管对阻燃性能也有负面作用。Du 等[26]发现将碳纳米管与膨胀阻燃剂复配使用时恶化了材料的阻燃性能,并通过碳纳米管的网络结构与膨胀炭层的相互作用对其结果进行了分析。碳纳米管的引入增加了熔体黏度,阻碍了膨胀炭层的形成,导致了体系阻燃效率的降低,从实验结果上体现为较高的 p — HRR 和较低的成炭量。Isitman 等[27]也报道了碳纳米管对膨胀阻燃体系的负面影响。通过比较黏土和碳纳米管在有机磷系膨胀阻燃聚甲基丙烯酸甲酯(poly(methyl methacrylate),PMMA)的作用,表明黏土在提高阻燃性能方面更具优势,这是因为碳纳米管的网络结构限制了燃烧过程中表面膨胀炭层的形成,而黏土更有助于增强膨胀炭层的作用。类似现象在膨胀阻燃 PP 中引入碳纳米管时也有发现[28]。

可膨胀石墨(expandable graphite,EG)作为一种石墨层间化合物(graphite intercalation compounds,GIC)的衍生物,因具有突出的高温体积膨胀性能(体积膨胀系数为 200 mL/g 以上),而成为一种优良的物理膨胀阻燃剂,广泛用于阻燃聚合物领域[29-30]。有关可膨胀石墨的研究工作可以追溯到 1860 年,当时的科学家在研究中偶然发现天然石墨经特殊的化学处理和物理化学处理,体积会发生较大膨胀的现象,以后不少学者都做过类似的研究。之后,膨胀石墨获得了广泛的研究和应用,并成为目前应用范围最广的密封材料之一。

可膨胀石墨一直作为生产膨胀石墨的中间体使用。直到20世纪80年代之后,可膨胀石墨在阻燃领域中的应用才受到广泛的重视和研究。可膨胀石墨早期用作热膨胀密封胶的主要成分(US patent 4277532,1981),自从发现其能够有效改善聚氨酯泡沫的燃烧特性后(US patent 4698369,1987),可膨胀石墨在阻燃聚合物及防火涂料中的应用逐渐发展起来。现今,可膨胀石墨作为有效的阻燃剂已经用于聚乙烯(polyethylene,PE)[31]、三元乙丙橡胶(ethylene-propylene-diene terpolymer,EPDM)[32]、环氧树脂(epoxy)[33]、不饱和聚酯(unsaturated polyester)[34]等阻燃聚合物材料的研究和应用中。

由于可膨胀石墨具有较高的阻燃效率,而被认为是新一代的填充型膨胀阻燃剂,对有关的可膨胀石墨与其他阻燃剂(如APP、硼酸锌、红磷、氢氧化镁、氢氧化铝等)的协同阻燃的研究也十分广泛[35-36]。在膨胀型阻燃体系中,可膨胀石墨常被用来与膨胀阻燃剂(intumescent flame retardant,IFR)协同,以提高炭层的质量及其稳定性。同时,由于可膨胀石墨的原料来源丰富、制备工艺简单、成本相对较低,因此可膨胀石墨成为阻燃材料配方设计中的重要组成,以兼顾优良的阻燃性能和成本因素。

最近有关石墨烯用于阻燃聚合物的研究受到了较多关注。添加5%的石墨烯可使聚苯乙烯(polystyrene,PS)的p−HRR降低50%[37]。在阻燃聚氨酯(polyurethane,PU)中添加2%的还原氧化石墨烯可使氧指数增加到34.0[38],复合材料具有显著的抗熔滴性能,达到UL−94 V−0。

石墨烯薄片(graphene nanoplatelets,GNPs)在阻燃聚合物中的作用效果也十分显著[39]。充分剥离的石墨烯薄片在阻燃PP中的作用较好[40]。对于聚乙烯醇(poly(vinyl alcohol),PVA),石墨烯薄片的阻燃效果优于蒙脱土和多壁碳纳米管[41]。此外,石墨烯薄片与膨胀阻燃体系也具有良好的协同作用[42-43]。

类似地,经剥离获得的纳米石墨微片(exfoliated graphite nanoplatelets,xGnPs)能够改善聚磷酸铵(ammonium polyphosphate,APP)阻燃的玻纤增强聚酯复合材料的阻燃性能[44],纳米石墨微片与APP在用量分别为3%和17%时具有较佳的协同阻燃效果。

本章参考文献

[1] GREENWOOD N,EARNSHAW A. Chemistry of the elements[M]. 2nd ed. Oxford:Elsevier,1997.

［2］MICHIO I,KANG F. Carbon materials science and engineering—from fundamentals to applications［M］. Beijing：Tsinghua University Press,2011.

［3］邓耿,尉志武. 碳元素同素异形体的稳定性［J］. 大学化学,2015, 30(3)：85-87.

［4］DRESSELHAUS M,DRESSELHAUS G. Intercalation compounds of graphite［J］. Advances in Physics,2002,51(1)：1-186.

［5］成会明. 新型碳材料的发展趋势［J］. 材料导报,1998,12(1)：5-9.

［6］ALIOFKHAZRAEI M,ALI N. Two-dimensional nanostructures［M］. New York：CRC Press,2012.

［7］POKROPIVNY V,SKOROKHOD V. New dimensionality classifications of nanostructures［J］. Physica E,2008,40：2521-2525.

［8］GLEITER H. Nanostructured materials：basic concepts and microstructure［J］. Acta Materialia,2000,48：1-29.

［9］POKROPIVNY V,SKOROKHOD V. Classification of nanostructures by dimensionality and concept of surface forms engineering in nanomaterial science［J］. Materials Science and Engineering C,2007,27：990-993.

［10］TIWARI J N ,TIWARI R N ,KIM K S. Zero-dimensional,one-dimensional, two-dimensional and three-dimensional nanostructured materials for advanced electrochemical energy devices［J］. Progress in Materials Science, 2012,57：724-803.

［11］顾正彬,季根华,卢明辉. 二维碳材料 —— 石墨烯研究进展［J］. 南京工业大学学报(自然科学版),2010,32(3)：105-110.

［12］邓顺柳,谢素原,黄荣彬,等. 富勒烯形成机理的研究进展［J］. 中国科学：化学,2012,42(11)：1587-1597.

［13］黄飞,李长江,兰艳素,等. 富勒烯 C_{60} 纳米材料的制备及其应用研究进展［J］. 化工新型材料,2015,43(11)：7-9.

［14］PHILIP WONG H S, AKINWANDE D. Carbon nanotube and graphene device physics［M］. 郭雪峰,张洪涛,译. 北京：科学出版社,2014.

［15］陈永胜,黄毅. 石墨烯：新型二维碳纳米材料［M］. 北京：科学出版社,2014.

［16］薛恩钰,曾敏修. 阻燃科学及应用［M］. 北京：国防工业出版社,1988.

［17］王建祺. 无卤阻燃聚合物基础与应用［M］. 北京：科学出版社,2005.

[18] 欧育湘. 实用阻燃技术[M]. 北京:化学工业出版社,2002.

[19] 杨荣杰,王建祺. 聚合物纳米复合物加工、热行为与阻燃性能[M]. 北京:科学出版社,2010.

[20] ALONGI J,HAN Z,BOURBIGOT S. Intumescence:Tradition versus novelty,a comprehensive review[J]. Progress in Polymer Science,2015,51:28-73.

[21] LAOUTID F ,BONNAUD L,ALEXANDRE M,et al. New prospects in flame retardant polymer materials:from fundamentals to nanocomposites[J]. Materials Science and Engineering R,2009, 63:100-125.

[22] XU G,CHENG J,WU H,et al. Functionalized carbon nanotubes with oligomeric intumescent flame retardant for reducing the agglomeration and flammability of poly(ethylene vinyl acetate) nanocomposites[J]. Polymer Composites,2013,34:109-121.

[23] WU H,TONG R,QIU X,et al. Functionalization of multiwalled carbon nanotubes with polystyrene under atom transfer radical polymerization conditions[J]. Carbon,2007,45:152-159.

[24] MA H,TONG L,XU Z,et al. Functionalizing carbon nanotubes by grafting on intumescent flame retardant:nanocomposite synthesis,morphology,rheology,and flammability[J]. Advanced Functional Materials,2008,18:414-421.

[25] FU S,SONG P,YANG H,et al. Effects of carbon nanotubes and its functionalization on the thermal and flammability properties of polypropylene/wood flour composites[J]. Journal of Materials Science,2010,45:3520-3528.

[26] DU B,FANG Z. Effects of carbon nanotubes on the thermal stability and flame retardancy of intumescent flame-retarded polypropylene[J]. Polymer Degradation and Stability,2011,96:1725-1731.

[27] ISITMAN N A,KAYNAK C. Nanoclay and carbon nanotubes as potential synergists of an organophosphorus flame-retardant in poly(methyl methacrylate)[J]. Polymer Degradation and Stability, 2010,95:1523-1532.

[28] SHAHVAZIAN M,GHAFFARI M,AZIMI H,et al. Effects of multi-walled carbon nanotubes on flame retardation and thermal

stabilization performance of phosphorus-containing flame retardants in polypropylene[J]. International Nano Letters,2012, 2：27.

[29] ZAVYALOV D E,ZYBINA O A,CHERNOVA N S,et al. Fire intumescent compositions based on the intercalated graphite[J]. Russian Journal of Applied Chemistry,2010,83(9)：1679-1682.

[30] SONG K,DUN H. On lower-nitrogen expandable graphite[J]. Materials Research Bulletin,2000,35：425-430.

[31] TSAI K,KUAN H,CHOU H,et al. Preparation of expandable graphite using a hydrothermal method and flame-retardant properties of its halogen-free flame-retardant HDPE composites[J]. Journal of Polymer Research,2011,18：483-488.

[32] CHUANG T,CHERN C,GUO W. The application of expandable graphite as a flame retardant and smoke-suppressing additive for ethylene-propylene-diene terpolymer[J]. Journal of Polymer Research,1997,4：153-158.

[33] CHIANG C,HSU S. Novel epoxy/expandable graphite halogen-free flame retardant composites-preparation,characterization,and properties[J]. Journal of Polymer Research,2010,17：315-323.

[34] SHIH Y. Expandable graphite systems for phosphorus-containing unsaturated polyester,kinetic study of degradation process[J]. Macromolecules Chemistry and Physics,2005,206：383.

[35] XIE R,QU B. Synergistic effects of expandable graphite with some halogen-free flame retardants in polyolefin blends[J]. Polymer Degradation and Stability,2001,71：375-380.

[36] LI Z,QU B. Flammability characterization and synergistic effects of expandable graphite with magnesium hydroxide in halogen-free flame-retardant EVA blends[J]. Polymer Degradation and Stability,2003,81：401-408.

[37] HAN Y,WU Y,SHEN M,et al. Preparation and properties of polystyrene nanocomposites with graphite oxide and graphene as flame retardants[J]. Journal of Materials Science,2013,48：4214-4222.

[38] GAVGANI J,ADELNIA H,GUDARZI M. Intumescent flame retardant polyurethane/reduced graphene oxide composites with

improved mechanical,thermal,and barrier properties[J].Journal of Materials Science,2014,49:243-254.

[39] HUANG G,CHEN S,LIANG H,et al.Combination of graphene and montmorillonite reduces the flammability of poly(vinyl alcohol) nanocomposites[J].Applied Clay Science,2013,80-81:433-437.

[40] DITTRICH B,WARTIG K,HOFMANN D,et al.Flame retardancy through carbon nanomaterials:carbon black,multiwall nanotubes,expanded graphite,multi-layer graphene and graphene in polypropylene[J].Polymer Degradation and Stability,2013,98:1495-1505.

[41] HUANG G,GAO J,WANG X,et al.How can graphene reduce the flammability of polymer nanocomposites? [J].Materials Letters, 2012,66:187-189.

[42] HUANG G,LIANG H,WANG Y,et al.Combination effect of melamine polyphosphate and graphene on flame retardant properties of poly(vinyl alcohol)[J].Materials Chemistry and Physics,2012,132:520-528.

[43] HUANG G,CHEN S,TANG S,et al.A novel intumescent flame retardant-functionalized graphene:nanocomposite synthesis,char-acterization,and flammability properties[J].Materials Chemistry and Physics,2012,135:938-947.

[44] ZHUGE J,GOU J,IBEH C.Flame resistant performance of nanocomposites coated with exfoliated graphite nanoplatelets/carbon nanofiber hybrid nanopapers[J].Fire and Materials,2012,36:241-253.

第2章　石墨层间化合物及其阻燃材料

石墨层间化合物(graphite intercalated compounds,GIC)是一种分子水平复合物,是利用合成方法使异类原子、分子或离子进入石墨原子层间而生成的一类具有与石墨完全不同性质的化合物[1]。由于石墨层间化合物具有二维长程有序的特点,因此可作为二维碳材料用以研究。

石墨层间化合物是自 19 世纪 40 年代发展起来的一种新型碳材料[2-3]。美国联合碳化物公司在 1963 年申请了可膨胀石墨的制造技术专利,并于 1968 年实现了工业化生产。石墨层间化合物不但保持了石墨优异的理化性质,如化学稳定性、耐高温和低温、耐腐蚀、导电导热性以及安全无毒等,而且因插入物质与石墨碳层的相互作用而呈现出独特的物理与化学特性,广泛应用于阻燃材料[4]、高效催化剂[5]、电池材料[6]、高导电材料等领域[7]。迄今,石墨层间化合物已发展成为碳素材料科学的独立分支,成为一门新兴的边缘学科。

石墨经过特定的化学处理后所形成的石墨层间化合物具有高温体积膨胀的特性,因而成为物理膨胀型阻燃剂的首选[8]。其中,以硫酸为插层剂所制造的一类石墨层间化合物(常称为可膨胀石墨),作为物理膨胀型阻燃剂获得了广泛的研究与应用。可膨胀石墨无疑是目前应用最为成功的物理膨胀型阻燃剂,首先,它具备适宜的膨胀温度,初始膨胀温度在 200 ℃ 左右,并能够在 500 ℃ 之前达到一定的膨胀体积;其次,它具有足够高的膨胀体积(200 mL/g 以上);第三,高温下形成的膨胀石墨具有良好的耐热性、较低的导热系数,这些都成为可膨胀石墨用作物理膨胀型阻燃剂的重要条件。

2.1　石墨层间化合物的制备

2.1.1　石墨原料

石墨层间化合物是一种利用物理或化学的方法使反应物插入石墨层间,与石墨片层的六角网络平面结合的同时又保持了石墨层状结构的化合物,由于插入物质与石墨层的相互作用而呈现出原有石墨或插层物质不具备的新性能[9]。

石墨层间化合物可依据插入物与石墨片层间的离子过程分为两类：一类是施主型（donor），插入物提供电子给石墨层；另一类是受主型（acceptor），插入物从石墨层获得电子。此外，还有一类插入物和石墨层没有电子施受，为共价键结合型。

迄今已成功地合成出了 400 多种石墨层间化合物及其衍生物[10]。石墨层间化合物的制备方法主要包括：气相法、液相法、熔盐法、溶剂法、电化学方法等[11]。为获得具有一定体积膨胀特性的石墨层间化合物，通常采用 Lewis 酸为插层剂，以化学液相法制备石墨层间化合物。例如，采用 H_2SO_4 为插层剂，获得沿 c 轴方向膨胀数十倍到数百倍的石墨层间化合物，即可膨胀石墨。

天然鳞片石墨是制备可膨胀石墨广泛使用的原材料之一。天然石墨粉由矿石经粉碎、浮选和提纯等工艺制得。天然产出的石墨常含有杂质，包括 SiO_2、Al_2O_3、FeO、CaO、CuO 等。天然鳞片石墨的粒度及其含碳量（碳的质量分数）是影响可膨胀石墨体积膨胀性能的重要因素。以硫酸为插层剂，采用液相法制备可膨胀石墨，所制备的可膨胀石墨的膨胀体积随石墨粒度的增大和含碳量的增加而增大，如图 2.1 和图 2.2 所示。

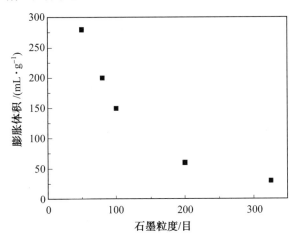

图 2.1　天然鳞片石墨的粒度与可膨胀石墨膨胀体积的关系

2.1.2　氧化插层

石墨中碳原子的成键方式使其存在两个反应活性区域[12]：一是石墨的边缘区，处在平面层内部的碳原子彼此间有很大的化学结合力，而处在

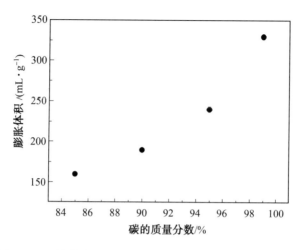

图 2.2　天然鳞片石墨含碳量与可膨胀石墨膨胀体积的关系

平面层边缘上的碳原子存在着未配对电子,反应活性较大;二是石墨的层与层之间,层间较弱的结合力和较大的孔隙给插层剂的原子、分子或离子进入层间创造了良好的条件。

Yaroshenko 等[13] 提出了制备石墨层间化合物的化学反应过程:首先,石墨片层的碳原子被氧化,形成带有正电荷的石墨片层,之后,石墨片层与酸根离子相互作用,形成插层化合物,反应过程为

$$C_n + Ox \longrightarrow C_n^+ + Red$$
$$C_n^+ + A^- + HA \longrightarrow C_n^+ A^- \cdot HA$$

上述反应过程中 Ox 代表氧化剂,Red 代表还原剂。对于此类石墨层间化合物,其反应体系通常由氧化剂、插层剂等构成。具有一定氧化能力的化合物可同时发挥氧化剂和插层剂的作用,如硝酸(HNO₃),硝酸插层石墨层间化合物(HNO₃ - GIC)的反应过程为

$$2HNO_3 \rightleftharpoons NO_2^+ + NO_3^- + H_2O$$
$$C_n + NO_2^+ \longrightarrow C_n^+ + NO_2 \uparrow$$
$$NO_3^- + mHNO_3 \longrightarrow NO_3^- \cdot mHNO_3$$
$$C_n^+ + NO_3^- \cdot mHNO_3 \longrightarrow C_n^+ \cdot NO_3^- \cdot mHNO_3$$

以硫酸(H₂SO₄)作为插层剂的研究较多,一般认为制备中的化学反应过程为

$$24nC + mH_2SO_4 + \frac{1}{4}O_2 \longrightarrow C_{24n}^+ \cdot HSO_4^- \cdot (m-1)H_2SO_4 + \frac{1}{2}H_2O$$

为获得一定的膨胀体积,常采用硝酸(HNO₃)、过氧化氢(H₂O₂)、高

锰酸钾($KMnO_4$)及重铬酸钾($K_2Cr_2O_7$)等氧化剂构成反应体系[14]。以硫酸插层的石墨层间化合物($H_2SO_4 - GIC$)为例,分别采用高锰酸钾和重铬酸钾为氧化剂,可获得具有不同膨胀体积的石墨层间化合物,如图2.3所示。反应体系中氧化剂的种类和用量对膨胀体系有重要的作用[15]。比较而言,以$K_2Cr_2O_7$为氧化剂能够获得较高膨胀体积的层间化合物。当氧化剂用量较少时,层间化合物的膨胀体积很小,但氧化剂用量如果过多,将导致膨胀体积的迅速减小。由此可见,氧化方式的选择或氧化剂的用量对于石墨层间化合物的膨胀体积有重要的影响。

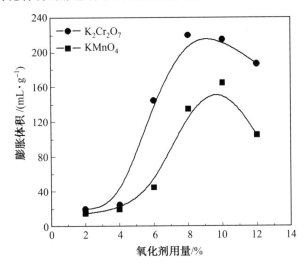

图2.3 以高锰酸钾和重铬酸钾为氧化剂制备的 $H_2SO_4 - GIC$ 的膨胀体积

膨胀体积与氧化剂用量之间的关系源于氧化剂在石墨插层反应过程中的作用。氧化剂的作用是使石墨片层发生氧化,在片层之间产生相同电荷,增大片层之间距离,以利于插层剂的进入,并与片层作用形成石墨层间化合物。由于石墨片层边缘的反应活性较大,因此,氧化作用主要发生在片层边缘。当氧化剂加入量很少时,氧化作用较弱,氧化程度低,氧化后石墨片层间的静电排斥作用不足以打开石墨片层,进入石墨层间的插层剂数量较少,嵌入量较低,膨胀体积小。随着氧化剂用量的增加,氧化作用增强,片层间电荷作用加强,石墨片层充分打开,插层剂能够进入层间并嵌入形成插层化合物,当层间插层充分时,膨胀体积也达到最大值。之后,当氧化剂用量继续增加时,将造成石墨片层的深度氧化,片层内部碳原子的氧化程度增大,形成氧化石墨,导致膨胀体积减小。

2.1.3　工艺过程

传统的工艺方法是在制备石墨层间化合物时，将反应物一次投料，经一定反应时间获得石墨层间化合物，这种方法可称为直接法。对于单一插层剂的反应，直接法制备石墨层间化合物的工艺和方法比较成熟。而对于两种及以上插层剂构成的反应体系，工艺过程的不同将导致产物的膨胀性能有差异，见表 2.1[13]。由表 2.1 可以看出，反应对工艺过程的影响非常显著。在相同反应体系中，由于石墨在硫酸（H_2SO_4）和硝酸（HNO_3）中的反应时间不同，因此膨胀体积表现出很大的变化范围，分别为 39 ～ 106 mL/g 和 51 ～ 127 mL/g。

表 2.1　工艺过程与 HNO_3 － H_2SO_4 － GIC 的膨胀体积[13]

反应体系	硫酸中反应时间 / min	硝酸中反应时间 / min	膨胀体积 / （mL·g⁻¹）
	5	10	85
	10	10	82
	20	10	84
	30	10	83
100 g 石墨，	40	10	85
24 mL 硫酸，	60	10	86
6 mL 硝酸	10	5	106
	10	20	65
	10	30	56
	10	40	49
	10	60	39
	5	10	127
	10	10	125
	20	10	115
	30	10	107
100 g 石墨，	40	10	106
40 mL 硫酸，	60	10	99
8 mL 硝酸	5	5	100
	5	20	92
	5	30	93
	5	40	65
	5	60	51

对于多元石墨层间化合物，在直接法的工艺基础上，通过在反应中不

同阶段引入插层剂,能够控制插层反应过程,从而获得一定膨胀体积的石墨层间化合物。因插层剂分步引入,其制备方法可称为分步法[16]。分别对直接法和分步法制备的 $HNO_3 - H_2SO_4 - GIC$ 的膨胀体积进行比较研究,结果见表 2.2 和表 2.3。采用直接法可获得 $HNO_3 - H_2SO_4 - GIC$ 的较高膨胀体积为 266 mL/g,而采用分步法可制备出膨胀体积为 390 mL/g 的 $HNO_3 - H_2SO_4 - GIC$。表 2.4 列出了采用直接法和分步法制备的不同插层剂制备的石墨层间化合物及其膨胀体积。显然,采用分步法更有利于将插层剂引入层间,获得具有较高膨胀体积的多元石墨层间化合物。

表 2.2　直接法制备 $HNO_3 - H_2SO_4 - GIC$ 的膨胀体积

序号	$m_{石墨} : m_{硫酸}$	$m_{石墨} : m_{硝酸}$	$m_{石墨} : m_{氧化剂}$	反应时间 / min	膨胀体积 / (mL·g⁻¹)
1	1 : 1.64	1 : 0.85	1 : 0.06	30	130
2	1 : 1.64	1 : 1.28	1 : 0.08	90	120
3	1 : 1.64	1 : 1.70	1 : 0.10	120	184
4	1 : 2.64	1 : 0.85	1 : 0.08	120	150
5	1 : 2.64	1 : 1.28	1 : 0.10	30	230
6	1 : 2.64	1 : 1.70	1 : 0.06	90	86
7	1 : 3.28	1 : 0.85	1 : 0.10	90	266
8	1 : 3.28	1 : 1.28	1 : 0.06	120	90
9	1 : 3.28	1 : 1.70	1 : 0.08	30	200

表 2.3　分步法制备 $HNO_3 - H_2SO_4 - GIC$ 的膨胀体积

序号	$m_{石墨} : m_{硫酸}$	$m_{石墨} : m_{硝酸}$	$m_{石墨} : m_{氧化剂}$	反应时间 / min	膨胀体积 / (mL·g⁻¹)
1	1 : 4.92	1 : 1.5	1 : 0.1	10	360
2	1 : 4.92	1 : 1.2	1 : 0.1	10	200
3	1 : 4.92	1 : 1.2	1 : 0.1	20	340
4	1 : 4.92	1 : 1.2	1 : 0.1	30	390
5	1 : 4.92	1 : 0.7	1 : 1.1	10	230
6	1 : 4.92	1 : 0.7	1 : 1.1	20	260
7	1 : 4.92	1 : 0.7	1 : 1.1	30	280

表 2.4　不同插层剂制备的石墨层间化合物及其膨胀体积

插层剂	反应过程	膨胀体积 /(mL·g⁻¹)
HNO_3	直接法	56
H_2SO_4	直接法	260
$H_2SO_4 - HNO_3$	直接法	266

续表2.4

插层剂	反应过程	膨胀体积 /(mL · g⁻¹)
$H_2SO_4 - HNO_3$	分步法	390
$H_2SO_4 - Fe(NO_3)_3$	直接法	300
$H_2SO_4 - Fe(NO_3)_3$	分步法	450
$H_2SO_4 - NaNO_3$	直接法	240
$H_2SO_4 - NaNO_3$	分步法	420
$H_2SO_4 - H_3PO_4$	直接法	124
$H_2SO_4 - H_3PO_4$	分步法	230
$H_2SO_4 - (NH_4)_3PO_4$	直接法	90
$H_2SO_4 - (NH_4)_3PO_4$	分步法	280

2.1.4　反应质量增量

在形成石墨层间化合物的过程中,插层剂引入层间的质量和嵌入方式影响了石墨层间化合物的阶结构。具有较低阶结构的石墨层间化合物相应于较多插层剂的引入,因而,反应过程中产物的质量增加在一定程度上反映了插层效果,体现为产物膨胀体积的变化,在一定范围内,膨胀体积表现为随反应质量增量的增加而增加,如图 2.4 和图 2.5 所示。

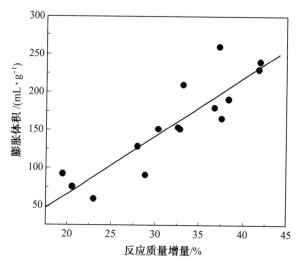

图 2.4　$H_2SO_4 - GIC$ 的反应质量增量与膨胀体积的关系

由于反应质量增量在一定程度上反映了插层剂(H_2SO_4 或 $HNO_3 - H_2SO_4$)的插入量,随着反应质量增量的增大,层间插层剂的质量增加,将使膨胀过程中产生的推动力增大,进而使石墨层间化合物的膨胀体积增

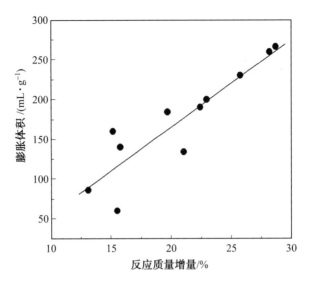

图 2.5 HNO$_3$ － H$_2$SO$_4$ － GIC 的反应质量增量与膨胀体积的关系

大[17]。从图 2.4 和图 2.5 可发现 H$_2$SO$_4$ － GIC 和 HNO$_3$ － H$_2$SO$_4$ － GIC 的反应质量增量与膨胀体积之间近似呈线性关系。

插层剂在石墨层间的相对位置可区分如下。其一,插层剂进入石墨片层间,与适度氧化的石墨片层相互作用而被束缚在层间,这种情况下,插层反应质量增量的增大将利于膨胀体积的增大;其二,插层剂与石墨片层边缘相互作用而停留在石墨片层边缘,尽管反应质量增量大,但其氧化分解过程中产生的压力将不能充分用于推动石墨片层发生体积膨胀,反应质量增量带来的膨胀体积的增大是有限的;其三,插层剂以吸附状态仅在片层外与石墨发生相互作用,这部分反应质量增量并不能反映插层剂的插入量,对膨胀体积没有贡献。因此,对于石墨插层反应,只有进入石墨片层间的插层剂所产生的反应质量增量才能产生有效的膨胀体积变化,而作用于片层边缘或片层外的插层剂尽管导致反应质量增量增加,却不对膨胀体积做贡献,这也是许多实验点偏离拟和直线的主要原因。

在插层反应中,石墨片层的氧化过程尤为重要。如果石墨片层氧化不充分,插层剂将大量存于石墨层边缘,不能带来较大的膨胀体积。在发生过氧化的情况下,产物中有氧化石墨,将不利于形成石墨层间化合物,膨胀体积将显著减小。从图 2.6 可以看出两种氧化体系的反应质量增量与氧化剂用量(质量分数)的关系,结合图 2.3 的膨胀体积变化,在氧化剂用量为 4% ～ 8% 时,膨胀体积和反应质量增量都表现出显著的增大,之后,由于过氧化反应生成氧化石墨,因此膨胀体积和反应质量增量都减小。

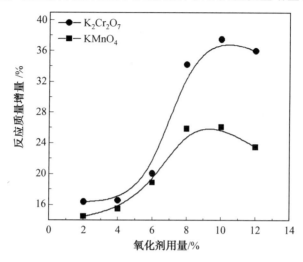

图 2.6　以高锰酸钾和重铬酸钾为氧化剂制备的 $H_2SO_4 - GIC$ 的氧化剂用量与反应质量增量的关系

2.2　石墨层间化合物的结构与性能

2.2.1　阶结构

石墨层间化合物的结构特点是外来反应物形成了独立的插入物层,并在石墨的 c 轴方向形成超点阵。在垂直于碳层平面的方向上,插入物质以一定周期占据范德瓦耳斯力间隙,形成阶梯结构,即阶结构(stage structure)。

通常,n 阶结构的周期为 n,图 2.7 所示为溴 — 石墨层间化合物的阶结构[18]。Daumas 和 Herold 很早就提出了石墨层间化合物的阶结构模型[19],简称 DH 模型。该模型认为当阶数 $n > 1$ 时,在石墨层间化合物中插入物形成"插入物岛"。1984 年 Hawrylak 和 Subbaswamy 利用 Landan Ginzburg 理论模拟阶形成过程中的扩散过程[20],认为"插入物岛"的存在是插层反应过程中所必需的动力学约束条件的必然结果,从而在理论上进一步巩固了 DH 模型。

采用电化学方法合成 $H_2SO_4 - GIC$ 的优势在于可以应用 Faraday 定律确定阴离子的插层数量,从而确定石墨层间化合物的化学组成,如

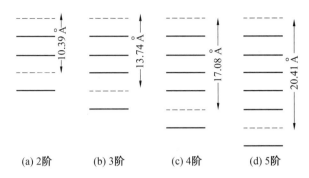

(a) 2阶   (b) 3阶   (c) 4阶   (d) 5阶

图 2.7   溴－石墨层间化合物的阶结构[18]（1 Å = 0.1 nm）

$C_n HSO_4 \cdot x H_2 SO_4$。当 $n=24$ 时,化合物为 1 阶结构;当 $n=48$ 时,化合物为 2 阶结构。然而,即使在插层剂相同的情况下,由于氧化程度及反应条件的差异,往往可以形成不同插层阶数的石墨层间化合物,阶数越小说明插层越充分,一般化学氧化法可获得 1～5 阶的石墨层间化合物。

应用 XRD 研究石墨层间化合物在插层过程中阶次的转变模式,可以发现,不同的无机酸插层时所生成产物的阶结构不同,同一种无机酸在不同条件下反应生成产物的阶结构也不相同[21]。图 2.8 所示为利用原位 XRD 方法得到 $H_2 SO_4 - GIC$ 和 $HNO_3 - GIC$ 高阶向 1 阶转变的 XRD 谱图。值得注意的是,每个阶结构都有相应的 $00l(n)$ 谱线,而且相邻阶次发生转变时,各阶衍射峰位置和强度也发生变化,但衍射峰并没有分离。为确定石墨层间化合物的阶结构,需要对衍射峰进行拟合和计算。

相对于单一插层剂的情况,多元石墨层间化合物的阶结构更为复杂。插层剂可能以多种方式进入石墨层间,比较典型的方式为:① 新的插层剂进入已有插层剂的石墨层间,已有的阶结构进一步完善;② 新的插层剂进入没有被插层的石墨层间,产物将向低阶结构发展;③ 新的插层剂取代层间已有的插层剂,形成新的石墨层间化合物。图 2.9 给出了有无氧化剂的情况下制备的 $HNO_3 - H_2 SO_4 - GIC$ 和 $H_2 SO_4 - Fe(NO_3)_3 - GIC$ 的 XRD 谱图。由图 2.9 可以看出,不同反应条件下采用同种插层剂将形成不同阶结构的产物,氧化剂有利于形成低阶石墨层间化合物。但由于衍射峰的半峰宽较大,加之三元石墨层间化合物结构的复杂性,其阶结构较为复杂。

在同一范德瓦耳斯力间隙中,插入物质原子或分子可以不同的概率占据各间隙位置,形成二维有序结构。这种结构的形成既与插入物质的种类、组分有关,也与材料的温度有关。随温度的升高或组分的变化可发生有序、无序相变,或从低阶结构向高阶结构的转变。如在电化学方法制备

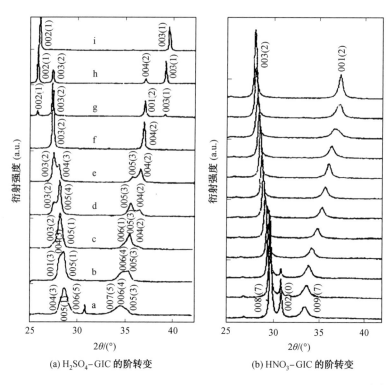

(a) H₂SO₄-GIC 的阶转变　　　　(b) HNO₃-GIC 的阶转变

图 2.8　H₂SO₄ — GIC 和 HNO₃ — GIC 插层过程中阶转变的 XRD 谱图[21]

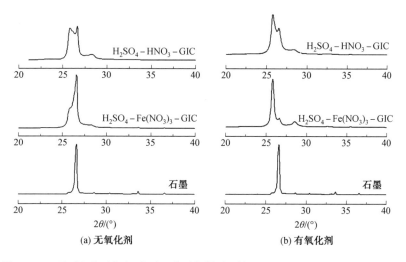

(a) 无氧化剂　　　　　　(b) 有氧化剂

图 2.9　无氧化剂和有氧化剂制备的 HNO₃ — H₂SO₄ — GIC 和
　　　　H₂SO₄ — Fe(NO₃)₃ — GIC 的 XRD 谱图

H_2SO_4-GIC 的过程中,在硫酸中引入少量的水,就可形成高阶的石墨层间化合物。将低阶产物置于空气中,产物吸收了空气中的水分,也可能导致阶结构的转变。

阶结构的转变也可通过热分析观察到。对于 HNO_3-GIC 的热稳定性,阶结构越低,石墨层间化合物的热稳定性越差[22]。图 2.10 给出了 $1\sim$ 4 阶 HNO_3-GIC 的差热分析(differential thermal analysis,DTA)曲线,对于 1 阶 HNO_3-GIC,分解吸热反应发生在 $30\sim150$ ℃,而 $2\sim4$ 阶 HNO_3-GIC 的分解吸热反应发生在 $100\sim160$ ℃。1 阶 HNO_3-GIC 表现出两个吸热峰,而 $2\sim4$ 阶 HNO_3-GIC 只出现一个吸热峰。1 阶 HNO_3-GIC 在受热分解中由于插层剂的脱嵌转换成 3 阶 HNO_3-GIC 而出现两个吸热峰。随着高阶产物的不断受热分解,因插层剂的脱嵌,石墨层间化合物转变成石墨。

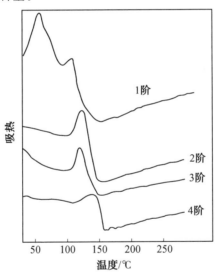

图 2.10 $1\sim4$ 阶 HNO_3-GIC 的差热分析曲线[22]

2.2.2 形貌结构

鳞片石墨为天然显晶质石墨,属于六方晶系,呈层状结构,是制备石墨层间化合物的主要原料,其表面形貌如图 2.11 所示。经过氧化和插层反应后,石墨层间化合物在微观结构和宏观性能上均表现出与天然鳞片石墨显著的差别。如图 2.12 所示,采用不同插层剂制备的石墨层间化合物均表现出层状结构,因插层剂的结构和性质不同,层间化合物的形貌差异明显。

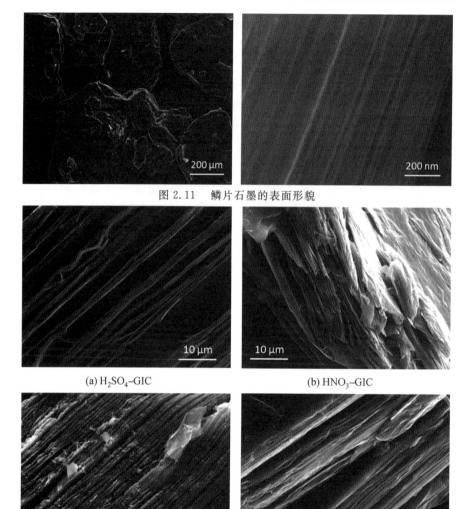

图 2.11　鳞片石墨的表面形貌

(a) H₂SO₄–GIC

(b) HNO₃–GIC

(c) NaNO₃–H₂SO₄–GIC

(d) 乳酸–H₂SO₄–GIC

图 2.12　H_2SO_4-GIC、HNO_3-GIC、$NaNO_3-H_2SO_4-GIC$ 和乳酸 $-H_2SO_4-$
GIC 的 SEM 图片

　　采用扫描电子显微镜(scanning electron microscope,SEM)对磷酸铵
(ammonium polyphosphate,APP) 插层产物 $((NH_4)_3PO_4-H_2SO_4-$
GIC)和多聚磷酸铵插层产物(APP$-H_2SO_4-$GIC)及其膨胀后产物的形
貌进行了研究,如图 2.13 所示。采用 SEM 对 $(NH_4)_3PO_4-H_2SO_4-GIC$

和 APP－H_2SO_4－GIC 的微观形貌在很低放大倍数下就能观察石墨的层状结构。虽然 APP、$(NH_4)_3PO_4$ 已进入石墨层间，但石墨的层状结构并没有受到破坏，同时，也可以看到存在于石墨层间及边缘的颗粒。

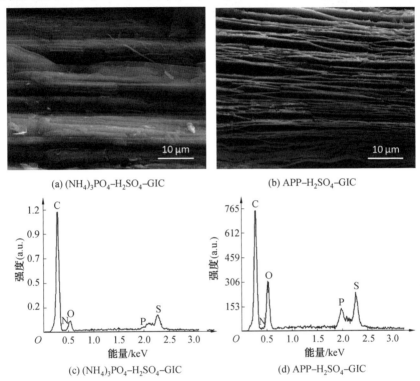

图 2.13 $(NH_4)_3PO_4$－H_2SO_4－GIC 和 APP－H_2SO_4－GIC 的 SEM 和 EDS 结果

$(NH_4)_3PO_4$－H_2SO_4－GIC 和 APP－H_2SO_4－GIC 膨胀后的形貌如图 2.14 所示。含磷化合物－H_2SO_4－GIC 膨胀后的孔结构清晰，其中，在 APP－H_2SO_4－GIC 膨胀后的石墨片层上可观察到颗粒状物质，这些小颗粒为插层物分解产物；在$(NH_4)_3PO_4$－H_2SO_4－GIC 未被打开的层间可以看到有大量的亚片层孔隙，孔隙连接紧密，基本维持了石墨层间原状，插层物质没能进入该层。

表 2.5 列出了以 H_3PO_4、$(NH_4)_3PO_4$、APP 制备的含磷化合物－硫酸－GIC 膨胀前后样品的能谱仪（energy dispersive spectrometer, EDS）分析结果。在磷酸插层产物（H_3PO_4－H_2SO_4－GIC）中可检测出显著的 P 元素和 S 元素，表明其产物为磷酸和硫酸共插层的石墨层间化合

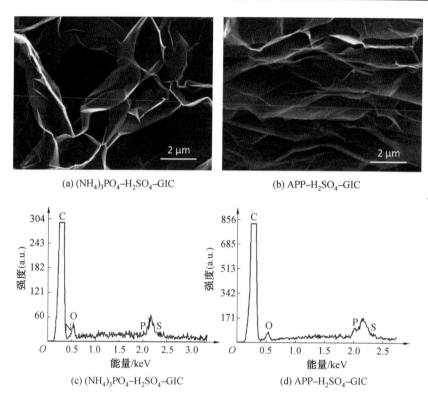

(a) $(NH_4)_3PO_4$–H_2SO_4–GIC

(b) APP–H_2SO_4–GIC

(c) $(NH_4)_3PO_4$–H_2SO_4–GIC

(d) APP–H_2SO_4–GIC

图 2.14　$(NH_4)_3PO_4-H_2SO_4-GIC$ 和 $APP-H_2SO_4-GIC$ 膨胀后的 SEM 和 EDS 结果

物；而在$(NH_4)_3PO_4-H_2SO_4-GIC$ 和 $APP-H_2SO_4-GIC$ 中，在检测到 P、S 元素的同时，均发现少量 N 元素，这进一步证明了已成功制备出多聚磷酸铵和磷酸铵插层的石墨层间化合物。

表 2.5　含磷化合物－硫酸－GIC 膨胀前后样品的 EDS 分析结果

样品		元素的质量分数 /%				
		C	O	P	S	N
$H_3PO_4-H_2SO_4-GIC$	膨胀前	72.35	12.07	13.28	2.30	—
	膨胀后	88.12	7.06	3.51	0.30	—
$(NH_4)_3PO_4-H_2SO_4-GIC$	膨胀前	79.70	11.73	1.61	2.86	4.11
	膨胀后	90.82	6.76	0.32	0.24	1.86
$APP-H_2SO_4-GIC$	膨胀前	66.29	25.43	2.20	3.70	2.37
	膨胀后	95.32	3.50	0.80	0.38	—

在膨胀后的产物中,APP－H_2SO_4－GIC 几乎检测不到 N 元素,而在 $(NH_4)_3PO_4$－H_2SO_4－GIC 中可检测到 N 元素。尽管磷酸铵和多聚磷酸铵在结构上具有一定的相似性,但其在 GIC 膨胀反应中的作用不同,导致膨胀后产物层间元素的质量分数也不同。APP－H_2SO_4－GIC 膨胀后产物表现出 P 元素的质量分数较高,磷化合物分解产物留在石墨层间,其状态是通过 SEM 看到的颗粒物质,这也是二者具有不同膨胀体积的重要原因。由于 GIC 膨胀后,孔径结构清晰,易于分析,此时 EDS 能谱是针对石墨片层间的元素进行分析,因此能够更好地表明插层剂对 GIC 膨胀反应的作用。

2.2.3　膨胀机制

在石墨层间化合物受热体积膨胀过程中,存在复杂的物理和化学变化。图 2.15 给出了有机溶剂处理的 HNO_3－GIC 的质量损失率和膨胀体积随温度的变化曲线[23]。为稳定 HNO_3－GIC,对其采用有机溶剂进行了处理,加热速率为 2 K/min。可观察到 4 个变化阶段:① 质量损失率增加而体积不膨胀;② 质量损失率快速增加,体积快速膨胀;③ 质量损失率和体积膨胀显著增加;④ 质量继续损失而膨胀体积保持不变。附着在石墨片层边缘和表面插层物的热分解是第一阶段质量损失率的主要原因,这部分质量损失对膨胀体积没有贡献。层间插层剂的分解及其与片层石墨的作用是导致第二和第三阶段质量损失的关键,在这两个阶段出现了体积的快速膨胀。膨胀体积与质量损失率的变化关系反映了插层剂在石墨层间的位置及其对膨胀体积的作用。

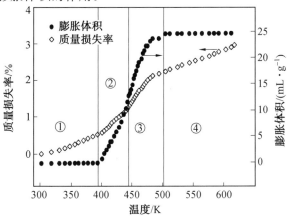

图 2.15　有机溶剂处理的 HNO_3－GIC 的质量损失率和膨胀体积随温度的变化曲线[23]

插层剂的分解及其与石墨碳原子的作用是膨胀过程的关键因素。采用热重－红外联用仪（thermogravimetric analysis coupled with Fourier transform infrared spectroscopy，TG － FTIR）研究 H_2SO_4 － GIC、HNO_3 －CH_3COOH － GIC 和 H_2SO_4 － CH_3COOH － GIC 的热分解过程[24]，因插层剂的不同，能够观察到不同的气相分解产物。HNO_3 － CH_3COOH － GIC 的 TG － FTIR 结果如图 2.16 所示，在热分解气相产物中分别在 200 ～ 210 ℃ 发现 NO_3^- 和 HSO_4^-，在 240 ～ 250 ℃ 发现 HSO_4^- 和 H_2SO_4，在 320 ℃ 左右发现醋酸分子。

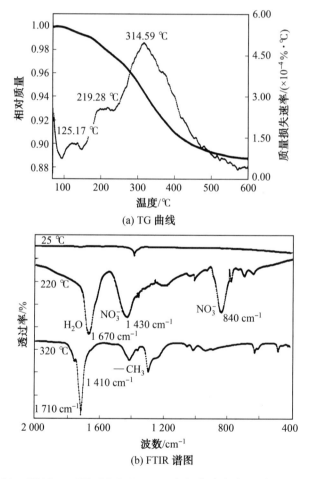

(a) TG 曲线

(b) FTIR 谱图

图 2.16　HNO_3 － CH_3COOH － GIC 在加热速率为 60 ℃/min 时的 TG 曲线与不同温度下的 FTIR 谱图[24]

石墨层间化合物的气相热分解产物揭示了层间插层剂受热逸出层间及其热分解的过程,对石墨层间化合物的体积膨胀行为产生了重要作用[25]。当以硫酸为插层剂时,硫酸因具有氧化作用而能够与石墨碳原子之间发生氧化还原反应,形成大量气体,推动了体积膨胀。Camino 等[26]研究关于插层剂硫酸与碳原子产生的氧化还原反应,较好地解释了热失重及气相分解产物的结果。因此,石墨层间化合物的受热体积膨胀行为与插层剂的释放和分解以及插层剂与石墨碳原子间的反应相关。

研究石墨层间化合物的膨胀体积及其受热过程的质量损失行为对于阻燃材料具有指导意义。以 H_2SO_4-GIC 和 $HNO_3-H_2SO_4-GIC$ 为例,探讨膨胀质量损失率与膨胀体积之间的关系,如图 2.17 和图 2.18 所示。石墨层间化合物的膨胀体积与膨胀质量损失率之间存在近似线性的关系。对于相同插层剂制备的 GIC,在插入物的质量越大时,层间由于插层剂的分解或与石墨片层的氧化所产生的推动力也越大,膨胀体积越大。因此,当膨胀过程所产生的质量损失率越大时,相应于产生的推动力越大,膨胀体积越大。仍有许多实验点偏离拟合曲线,在一定程度上也表明了插层物在层间的位置不同对膨胀体积的贡献不同,显然,在片层边缘的插层物产生的热失重对膨胀体积的贡献不大[23]。

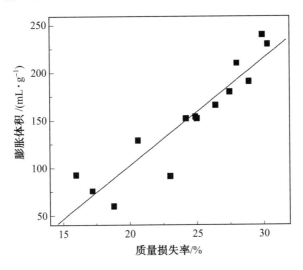

图 2.17 H_2SO_4-GIC 的膨胀质量损失率与膨胀体积的关系

插层剂对于膨胀过程质量损失的影响也相对复杂。以分步插层法(T)制备的层间化合物为例,将硝酸钠(SN)、硝酸铁(FN)、硝酸(NA)分别与硫酸(SA)共插层制备的 T-SN-SA-GIC、T-FN-SA-GIC、T-

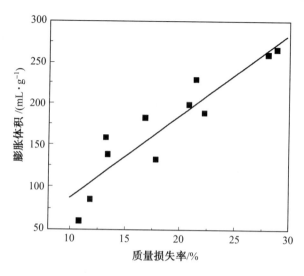

图 2.18　$HNO_3 - H_2SO_4 - GIC$ 的膨胀质量损失率与膨胀体积的关系

$NA - SA - GIC$ 进行比较，由图 2.19 可以看出硝酸盐 $- H_2SO_4 - GIC$ 在 $200 \sim 300$ ℃，由吸附物质及水分分解产生的质量损失比较显著。300 ℃ 之后，由于插入物的分解以及石墨的氧化分解，质量损失呈平缓上升的趋势，其中硝酸钠－硫酸共插层的石墨层间化合物的质量损失最为显著，说明石墨层间发生了相对较多的分解反应，这也是导致较为突出的膨胀体积的重要原因。

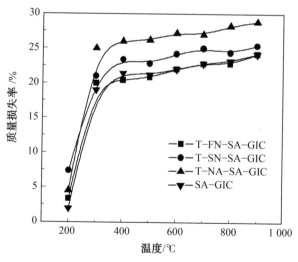

图 2.19　硝酸盐 $- H_2SO_4 - GIC$ 在不同温度下的膨胀质量损失率

类似地,以磷酸(PA)、磷酸铵(AP)和聚磷酸铵(APP)为共插层剂,采用分步插层法,制备得到的三元层间化合物分别为 $T-PA-SA-GIC$、$T-AP-SA-GIC$ 和 $T-APP-SA-GIC$。由图 2.20 可知,含磷化合物 $-H_2SO_4-GIC$ 在 500 ℃ 以下,其质量损失率均小于 $SA-GIC$ 的质量损失率。温度超过 500 ℃ 之后,$T-AP-SA-GIC$ 和 $T-APP-SA-GIC$ 的膨胀质量损失率超过 $SA-GIC$ 的质量损失率,仅 $T-PA-SA-GIC$ 的膨胀质量损失率低于 $SA-GIC$ 的质量损失率。磷酸铵较不稳定,受热易分解为磷酸和氨气,磷酸进一步分解生成 P_2O_5 和 H_2O,前者较稳定并具有较强的脱水性,是造成后期质量损失的主要原因。

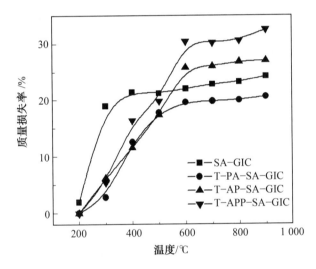

图 2.20　含磷化合物 $-H_2SO_4-GIC$ 在不同温度下的膨胀质量损失率

2.2.4　稳定性

石墨层间化合物受热分解时,发生迅速的体积膨胀,其膨胀体积与膨胀速率和温度直接影响了其在阻燃材料中的应用效果。就材料本身而言,石墨原料、加热速率、粒子尺寸以及插层剂对石墨层间化合物的体积膨胀过程有重要影响。

插入石墨层间的物质随时间的增加而逐渐逸出,使膨胀体积减小,降低了石墨层间化合物的使用性能。稳定性是评价石墨层间化合物性能的一个重要参数。以膨胀体积变化率为评价稳定性的参数,测试计算过程为:分别将石墨层间化合物置于 50 ℃ 和 100 ℃ 烘箱内处理至恒重后,测试其膨胀体积,计算两个处理温度下膨胀体积的差值,并与较低温度下的膨胀体积相比较,即可得到膨胀体积变化率。膨胀体积变化率越小,说明石墨层间化合物对温度的敏感性越小,越稳定;反之,该值越大说明稳定性越差。

采用分步插层法制备石墨层间化合物,分别为 $Fe(NO_3)_3 - H_2SO_4 -$ GIC（T－FN－SA－GIC）、$NaNO_3 - H_2SO_4 -$ GIC（T－SN－SA－GIC）、$HNO_3 - H_2SO_4 -$ GIC（T－NA－SA－GIC）），与直接插层法制备的 $HNO_3 - H_2SO_4 -$ GIC（D－NA－SA－GIC）相对比,所得膨胀体积变化率结果如图 2.21 所示。由图 2.21 可以看出,直接插层法制备的石墨层间化合物膨胀体积变化率最为显著,插入物质大量逸出。而分步插层法制备的石墨层间化合物能将膨胀体积变化率控制在 30% 以内,说明分步插层法制备的层间化合物膨胀性能较为稳定。其中分步插层法所得硝酸盐－$H_2SO_4 -$ GIC 的稳定性由强到弱的物质依次为 $HNO_3 - H_2SO_4 -$ GIC、$Fe(NO_3)_3 - H_2SO_4 -$ GIC、$NaNO_3 - H_2SO_4 -$ GIC,可见,插层剂的氧化性和稳定性是影响石墨层间化合物稳定性的重要因素。

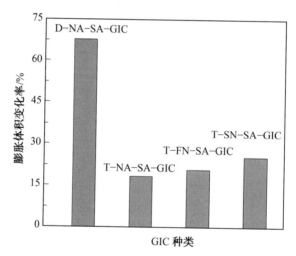

图 2.21　硝酸盐－$H_2SO_4 -$ GIC 经 50 ℃ 和 100 ℃ 处理后
得到的膨胀体积变化率

$H_2SO_4 -$ GIC（SA－GIC）、$HNO_3 - H_2SO_4 -$ GIC、$NaNO_3 - H_2SO_4 -$ GIC 和 $Fe(NO_3)_3 - H_2SO_4 -$ GIC 在不同温度下的膨胀体积如图 2.22 所示。插入物对层间化合物的膨胀过程影响不同。$H_2SO_4 -$ GIC 主要在 800 ℃ 以前膨胀,膨胀体积在 800 ℃ 时为最大,为 260 mL/g;$HNO_3 - H_2SO_4 -$ EG 主要在 700 ℃ 以前膨胀,并在 700 ℃ 时达到最大;$Fe(NO_3)_3 - H_2SO_4 -$ GIC 的膨胀体积在 600 ℃ 时已经达到最大,为 450 mL/g。插层剂的氧化性和分解温度影响了石

墨层间化合物在不同温度下的膨胀体积。

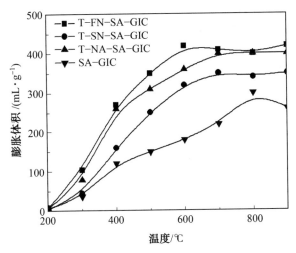

图 2.22 硝酸盐－H_2SO_4－GIC 在不同温度下的膨胀体积

将含磷化合物－H_2SO_4－GIC 与 H_2SO_4－GIC 在不同的温度下处理 30 s,得到膨胀体积随温度的变化曲线,如图 2.23 所示。H_2SO_4－GIC 在 400 ℃ 时,其膨胀体积已达 100 mL/g,而含磷化合物－H_2SO_4－GIC 在 400 ℃ 以下,膨胀体积均低于 50 mL/g,在 500 ℃ 以上才产生显著的体积膨胀。含磷化合物－H_2SO_4－GIC 的膨胀温度较高,提高了石墨层间化合

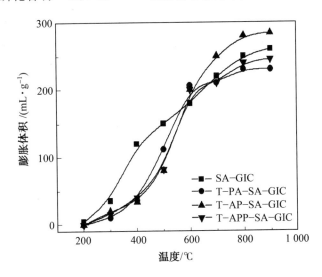

图 2.23 含磷化合物－H_2SO_4－GIC 在不同温度下的膨胀体积

物在高温条件下使用的稳定性。

2.3　阻燃性能与阻燃机理

以硫酸为插层剂制备的石墨层间化合物（常称为可膨胀石墨），因具有数百倍的膨胀体积而成为物理膨胀型阻燃剂的首选。迄今为止，有关石墨层间化合物用于阻燃领域的研究结果主要来自于可膨胀石墨的应用。就石墨层间化合物而言，插层剂的嵌入给宿体石墨带来许多优异的物化性能，通过控制插层剂的种类和性质，不仅能够调控石墨层间化合物的体积膨胀性能，还能够为研究新型的石墨阻燃剂提供有价值的方法和技术，而获得高阻燃性能的石墨层间化合物[27]。

2.3.1　可膨胀石墨

1. 阻燃机理

可膨胀石墨借助于高温下的体积膨胀而发挥阻燃作用。有关可膨胀石墨的体积膨胀机理，目前广泛被接受的理论认为[28]：插入层间硫酸与石墨碳原子间的氧化还原反应所产生的气体形成的推动力是导致不可逆体积膨胀的关键。高温体积膨胀所产生的蠕虫状膨胀石墨在燃烧的聚合物表面形成膨胀炭层[29]，对聚合物材料或基体起到了有效的保护作用。从阻燃机理角度看来，膨胀石墨炭层所具有的良好的绝热作用在改善聚合物的阻燃性能方面起到了重要作用，可膨胀石墨与聚合物基体间的化学作用很小，是一种典型的物理作用。这也是可膨胀石墨区别于传统膨胀型阻燃剂的本质原因。

Duquesne 等[30] 的研究揭示了聚磷酸铵（ammonium polyphosphate，APP）和可膨胀石墨（expandable graphite，EG）在聚氨酯（polyurethane，PU）涂料中阻燃机理的差异。APP 加速了 PU 的降解，促进了炭层的形成；而 EG 对 PU 的热降解几乎没有影响，二者间几乎没有化学作用。两种阻燃剂对 PU 热降解的不同影响，导致形成了完全不同的炭层结构[31]，APP/PU 的炭层具有含磷的多环芳烃结构，而 EG/PU 的炭层主要由蠕虫状的膨胀石墨组成。如图 2.24 所示，膨胀石墨"蠕虫"构成的膨胀炭层是 EG 及其协同阻燃聚合物的阻燃机理的关键[32-33]。

可膨胀石墨以凝缩相阻燃机理为主。利用阻燃剂间的协同阻燃作用，形成气相和凝缩相协同的阻燃机理，可以有效提高阻燃效率。如图 2.25 所示[34]，利用甲基膦酸二甲酯（dimethyl methylphosphonate，DMMP）热

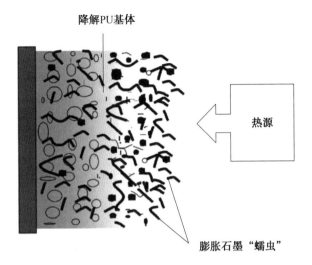

图 2.24　膨胀石墨构成的炭层结构[30]

降解产生的 PO_2 具有自由基淬灭剂的作用,与膨胀石墨炭层相协同,获得了良好的阻燃效果。 可膨胀石墨和 16% 次磷酸铝(aluminum hypophosphite,AHP)用于阻燃硅橡胶[35],有效降低燃烧过程的热释放,使火安全指数(fire performance index,FPI)从 0.11 提高到 0.18。

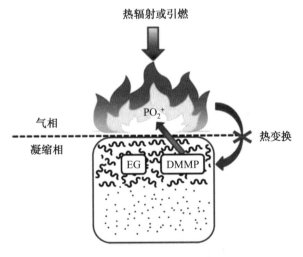

图 2.25　可膨胀石墨(EG)和甲基磷酸二甲酯(DMMP)的两相阻燃机理[34]

2. 阻燃性能

　　由于可膨胀石墨的阻燃性能受膨胀体积的影响显著,因此,制备高膨胀倍率可膨胀石墨的方法也备受关注。液相法是制备可膨胀石墨的常用方法,一些新方法也用于制备高膨胀体积可膨胀石墨,如臭氧 — 水热法[36]、水热插层法[37]。另一方面,插层剂的选择也十分重要。以 $KMnO_4$ 为氧化剂,H_2SO_4 和 Na_2SiO_3 为插层剂[38],能够获得初始膨胀温度为 202 ℃、膨胀体积为 517 mL/g 的可膨胀石墨,在添加量为 30% 时,阻燃乙烯 — 醋酸乙烯共聚物(ethylene — vinyl acetate copolymer,EVA)的氧指数可达到 28.7%,与聚磷酸铵(APP)协同可使氧指数进一步提高到 30.7%。类似地,以 $KMnO_4$ 为氧化剂,H_2SO_4 和 $Na_2B_4O_7$ 为插层剂[39],获得了初始膨胀温度为 155 ℃、膨胀体积为 515 mL·g^{-1} 的可膨胀石墨,在添加量为 30% 时,阻燃聚乙烯(polyethylene,PE)的氧指数可达到 28.4%,与 APP 协同可使氧指数进一步提高到 30.5%。

　　可膨胀石墨粒度对阻燃性能的影响也十分显著。以聚氨酯泡沫为基体[40],评价了粒度分别为 70 μm、180 μm、210 μm、275 μm、337 μm、430 μm、540 μm、690 μm 和 960 μm 的可膨胀石墨的阻燃性能,如图 2.26 所示。在可膨胀石墨粒度较小时,膨胀体积有限,不足以形成有效的膨胀石墨炭层,对阻燃的作用很小。当粒度达到 150 μm 时,开始形成有效的膨胀石墨炭层,之后,随着可膨胀石墨粒度的增大,泡沫的阻燃性能显著增加。当可膨胀石墨粒度达到 430 μm 后,阻燃性能随粒度增大而增长的趋势减缓。

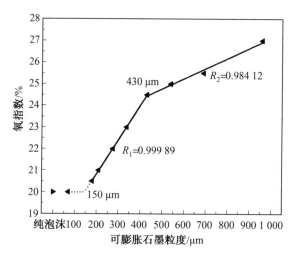

图 2.26　不同粒度可膨胀石墨阻燃聚氨酯泡沫的氧指数
　　　　(可膨胀石墨用量为多元醇的 20 phr,phr 表示份
　　　　数,是 per hundred resin 的缩写)[40]

提高可膨胀石墨在聚合物中的分散效果也是不容忽视的因素之一。采用十二烷基硫酸钠(sodium dodecyl sulfate,SDS)改性可膨胀石墨[41],能够改善可膨胀石墨在 EVA 中的分散,并提高复合材料的热稳定性。图2.27 给出了采用 3-异氰酸酯基丙基三乙氧基硅烷改性可膨胀石墨的反应原理[42],将硅烷功能化可膨胀石墨加入到环氧树脂中,在改善复合材料热稳定性的同时,添加 10% 的可膨胀石墨,可获得氧指数为 36% 的阻燃材料。

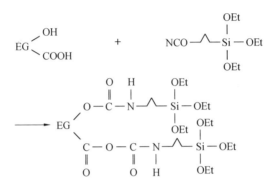

图 2.27 硅烷改性可膨胀石墨[42]

3. 阻燃应用

近年来,随着对防火材料的关注日益广泛,可膨胀石墨作为阻燃剂的研究和应用也有了较大的发展。表 2.6 列出了可膨胀石墨在几种聚合物体系中的应用及其协同阻燃体系的组成,阻燃剂的用量以质量分数(%)或份数(phr)表示。阻燃性能分别采用氧指数(LOI)数值、垂直燃烧(UL94)等级(V−0、V−1 或 V−2)或热释放峰值(peak heat release rate,pHRR)的降低幅度(百分数的负数)为评价方法,详见表 2.6。

表 2.6 可膨胀石墨用于多种聚合物体系的阻燃性能

聚合物	阻燃剂	阻燃性能	文献
聚丙烯 (polypropylene, PP)	可膨胀石墨(10.0 phr) 双季戊四醇(5.0 phr) 三聚氰胺聚磷酸盐(15.0 phr)	LOI(33.2) UL94 V−0	[43]
乙烯−醋酸乙烯酯共聚物 (ethylene − vinyl acetate copolymer, EVA)	可膨胀石墨(1 phr) 膨胀阻燃剂(9 phr)	pHRR (−62.1%)	[44]

续表2.6

聚合物	阻燃剂	阻燃性能	文献
EVA	可膨胀石墨（质量分数为 10%） 水滑石（质量分数为 20%）	LOI(29.7) UL94 V—0	[45]
	可膨胀石墨（10 phr） 氢氧化镁（120 phr）	LOI(44.0) UL94 V—0	[46]
丙烯腈－丁二烯－苯乙烯共聚物（acrylonitrile—butadiene—styrene，ABS）	可膨胀石墨（质量分数为11.25%） 聚磷酸铵（质量分数为 3.75%）	LOI(31.0) UL94 V—0	[47]
ABS	可膨胀石墨（质量分数为 15%） 聚磷酸铵（质量分数为 12%） 聚双酚酸苯基磷酸酯（质量分数为 3%）	LOI(32.6) UL94 V—0	[48]
聚对苯二甲酸乙二醇酯（poly(ethylene tereph-thalate)，PET）	可膨胀石墨（质量分数为2.5%） 黏土（质量分数为2.5%）	LOI(29.0) pHRR (—56.0%)	[49]
聚乳酸（polylactic acid，PLA）	可膨胀石墨（质量分数为 7.5%） 聚双苯氧基磷腈（质量分数为7.5%）	LOI(34.5) UL94 V—0	[50]
尼龙 11（polyamide 11，PA11）	可膨胀石墨（质量分数为 15%） 三聚氰胺（质量分数为 5%）	LOI(32.3) UL94 V—0	[51]
聚甲基丙烯酸甲酯（polymethyl methacry-late，PMMA）	可膨胀石墨（质量分数为 30%）	LOI(28.0) pHRR (—56.0%)	[52]
高抗冲聚苯乙烯（high impact polystyrene，HIPS）	可膨胀石墨（质量分数为 15%） 微胶囊红磷（质量分数为 5%）	LOI(26.8) UL94 V—0	[53]

续表2.6

聚合物	阻燃剂	阻燃性能	文献
高密度聚乙烯 (high－density polyethy-lene，HDPE)	磷酸插层可膨胀石墨(质量分数为30%)	LOI(30.0) UL94 V－0	[54]
线性低密度聚乙烯 (linear low density poly-ethylene，LLDPE)	可膨胀石墨(30 phr) 膨胀阻燃剂(20 phr)	LOI(34.1)	[55]
HDPE－石蜡复合材料	可膨胀石墨(质量分数为5%) 膨胀阻燃剂(质量分数为20%)	pHRR (－62.04%)	[56]
环氧树脂	可膨胀石墨(质量分数为14%) 9,10-二氢-9-氧杂-10-磷杂菲-10-氧化物(质量分数为6%)	LOI(38.0) UL94 V－0	[57]
不饱和聚酯	可膨胀石墨(10 phr) 聚磷酸铵(25 phr)	LOI(25.5) UL94 V－0	[58]
硬质聚氨酯泡沫	聚甲基丙烯酸缩水甘油酯包覆可膨胀石墨(质量分数为10%)	LOI(27.5) UL94 V－0	[59]
	可膨胀石墨(质量分数为10%)	LOI(26.5) UL94 V－1	[60]
	可膨胀石墨(10 phr) 层状双氢氧化物(3 phr) 三聚氰胺聚磷酸盐(10 phr)	LOI(28.0) pHRR (－38.8%)	[61]
	可膨胀石墨(质量分数为15%) 次磷酸铝(质量分数为5%)	LOI(37.8) pHRR (－55.1%)	[62]
	三聚氰胺甲醛树脂包覆可膨胀石墨(质量分数为10%)	LOI(28.0) UL94 V－0	[63]

续表2.6

聚合物	阻燃剂	阻燃性能	文献
聚丙烯塑木复合材料	可膨胀石墨(质量分数为 10%) 膨胀阻燃剂(质量分数为 15%)	LOI(38.8) UL94 V−0	[64]
	可膨胀石墨(12.5 phr) 改性聚磷酸铵(12.5 phr)	LOI(39.3) UL94 V−0	[65]
ABS 塑木复合材料	可膨胀石墨(质量分数为12.5%) 聚磷酸铵(质量分数为 7.5%)	LOI(34.2) UL94 V−0	[66]

2.3.2　石墨层间化合物

1. 阻燃效果

在制备硫酸插层石墨层间化合物(SA − GIC)的基础上,采用分步插层法分别制备了 $HNO_3 − H_2SO_4 − GIC$(T − NA − SA − GIC)、$NaNO_3 − H_2SO_4 − GIC$(T − SN − SA − GIC)、$H_3PO_4 − HNO_3 − GIC$(T − PA − SA − GIC)、$(NH_4)_3PO_4 − H_2SO_4 − GIC$(T − AP − SA − GIC) 和 $APP − H_2SO_4 − GIC$(T − APP − SA − GIC)。将所制备的含有不同插层剂的石墨层间化合物用于阻燃聚乙烯(PE),所得阻燃材料的氧指数如图 2.28 所示。在所制备的石墨层间化合物中,含有 SA − GIC 的材料氧指数最低,而采用分步插层法制备的层间化合物阻燃聚乙烯材料的氧指数均较高,可见,利用三元石墨层间化合物能够获得高阻燃效率的阻燃剂。

采用硝酸和硝酸盐作为共插层剂时,T − NA − SA − GIC 和 T − SN − SA − GIC 阻燃聚乙烯材料的氧指数接近,略高于 SA − GIC 阻燃材料的氧指数。从石墨层间化合物的膨胀体积可知,T − NA − SA − GIC 的膨胀体积为 400 mL/g,T − SN − SA − GIC 的膨胀体积为 420 mL/g,SA − GIC 的膨胀体积为 260 mL/g,分步插层法制备的 HNO_3 和硝酸盐共插层石墨层间化合物具有比 SA − GIC 更大的膨胀体积。T − NA − SA − GIC 和 T − SN − SA − GIC 具有较好的阻燃效果,可归因于其较大的膨胀体积。

含磷化合物共插层石墨层间化合物具有与 SA − GIC 接近的膨胀体积。3 种含磷化合物共插层 GIC 均表现出较高的阻燃性能,这应归因于含磷化合物所具有的阻燃作用,其中以 APP 为插层剂制备的 T − APP −

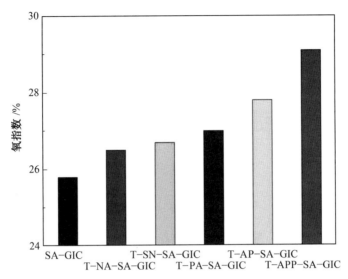

图 2.28 不同 GIC 阻燃 PE 的氧指数(阻燃剂添加量为 50 phr)

SA－GIC 阻燃 PE 具有最高的氧指数。由图 2.28 可见,PE/SA－GIC 的氧指数为 25.8%,而 PE/T－APP－SA－GIC 的氧指数为 29.1%,T－APP－SA－GIC 的阻燃效果显著。T－APP－SA－GIC 结合了 APP 与可膨胀石墨的特点,体现了 APP 与可膨胀石墨的协同阻燃作用,是一种高性能的阻燃剂。

以氧指数为阻燃性能的评价手段,对不同插层剂制备的石墨层间化合物用于阻燃 EVA 进行了研究,并将其与传统阻燃剂的阻燃效果进行了比较,其中,IFR 由 APP 和季戊四醇(pentaerythritol,PER)组成,其中 $m_{APP} : m_{PER} = 3 : 1$,ATH 的添加量为 100 phr,复合材料的氧指数如图 2.29 所示。在阻燃剂添加量相同时,PE/GIC 的氧指数均高于传统阻燃体系(PE/ATH,PE/APP,PE/IFR)的氧指数,其中,仍以 PE/T－APP－SA－GIC 的氧指数最高,并比 PE/SA－GIC 的氧指数高出 6 个单位以上。

综上所述,具有受热体积膨胀特性的石墨层间化合物可作为高效阻燃剂,用于研制阻燃性能优异的聚合物材料。相比于广泛应用的以 H_2SO_4 为插层剂的石墨层间化合物,利用分步插层法制备的三元石墨层间化合物表现出较高的阻燃效率,在相同的用量下,可以获得阻燃性能更好的阻燃材料,其作用来源于膨胀体积的提高和具有阻燃作用的含磷化合物的引入。

2. 热降解行为

采用 TG－FTIR 技术对 PE/GIC 的热降解过程进行了研究,考虑到以

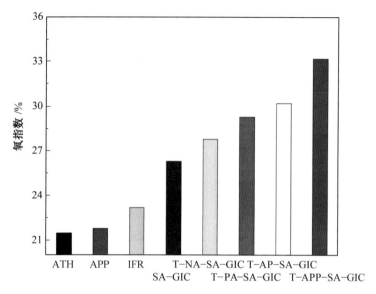

图 2.29　GIC 与传统阻燃剂阻燃 EVA 氧指数的比较(阻燃剂添加量为 50 phr)

含磷化合物插层获得的石墨层间化合物具有较好的阻燃性能,基于 3 种含磷石墨层间化合物(T－PA－SA－GIC、T－AP－SA－GIC 和 T－APP－SA－GIC),研究了阻燃聚乙烯的热降解行为。图 2.30 和图 2.31 给出了 TG－FTIR 实验得到的热分析曲线,将其典型数据列于表 2.7 中。

不同含磷化合物插层的石墨层间化合物阻燃 PE 的热降解曲线极为相似,石墨层间化合物并没有改变体系的热降解过程。PE/GIC 的 TG 曲线均表现出两步热降解反应过程,体系初始热降解温度在 200 ℃ 开始;在 200～350 ℃ 出现第一热降解阶段,此阶段主要是 GIC 热分解体积膨胀过程;在 350～500 ℃ 出现第二热降解阶段,主要对应于聚乙烯主链的热降解及 GIC 的进一步分解过程;500 ℃ 后体系无明显的热失重,并保持了较高的残余量。

与聚乙烯相比,PE/GIC 的 T_5 下降了 50～60 ℃,T_m 下降 10 ℃ 左右,最大热失重速率仅为 PE 热失重速率的 50% 左右,而较高的残余量表明热降解过程中形成了稳定的炭层。GIC 的热分解是导致 PE/GIC 初期热降解的主要因素,GIC 受热后形成了膨胀炭层,有效降低了 PE 的热降解速率。根据膨胀过程热失重与温度的关系可知,含磷化合物共插层 GIC 在 800 ℃ 膨胀失重约 25% 左右,计算得到 PE/GIC 体系在 800 ℃ 的残余量约为 25%。表 2.7 所列的 PE/GIC 体系在 800 ℃ 的残余量在 25% 左右,计算结果和实验结果相近,表明 GIC 并没

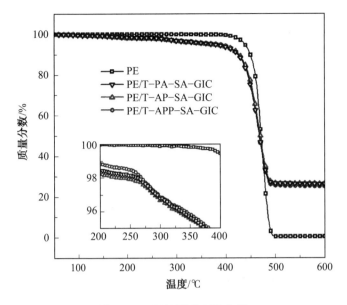

图 2.30 PE/GIC 的 TG 曲线

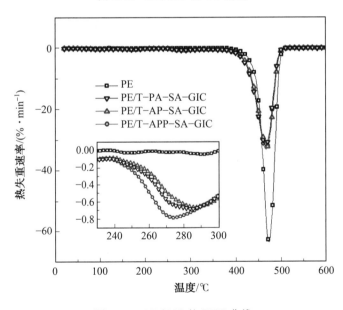

图 2.31 PE/GIC 的 DTG 曲线

有促进 PE 的成炭。GIC 阻燃作用的关键仍在于膨胀炭层所发挥的物理阻挡层作用。导致不同 GIC 之间热失重速率和残余量差别的主要原因在于插层剂的插入量和膨胀过程中质量损失的区别。

表 2.7　PE/GIC 的热分析数据

样品	PE	PE/T－PA－SA－GIC	PE/T－AP－SA－GIC	PE/T－APP－SA－GIC
GIC/phr	0	50	50	50
T_5/℃	438	377	375	384
T_m/℃	473	464	467	467
R_m/(%·min^{-1})	63.7	31.8	32.4	33.1
800 ℃ 残余量/%	0.49	25.8	25.9	24.8

图 2.32、图 2.33 和图 2.34 分别给出了 PE/GIC 热降解初期(250 ℃)、中期(450 ℃)和后期(820 ℃)气相产物的 FTIR 谱图。在 250 ℃ 附近，PE/GIC 与 PE 的热降解气相产物具有显著的区别。对于 PE 而言，在此温度下较为稳定，主链降解未发生，热分解气相产物主要是水和低分子烷烃，因此，主要红外吸收峰分别位于 3 000～3 500 cm^{-1}、1 450～1 500 cm^{-1}。在此温度下，正是 PE/GIC 热降解第一阶段，即 GIC 的分解反应进行过程，从气相产物的 FTIR 谱图可见，气相产物出现了大量的 CO_2 和水，分别对应于 2 320～2 370 cm^{-1}、3 000～3 500 cm^{-1} 的红外吸收峰。值得注意的是，在 PE/GIC 气相产物中能够观察到 SO_2 吸收峰，位于 1 300～1 400 cm^{-1}，同时，GIC 的分解可能导致 PE 的提前降解，能够在气相产物中发现饱和烷烃和不饱和烷烃的吸收谱峰，如位于 2 924 cm^{-1} 和 2 850 cm^{-1} 处的亚甲基伸缩振动吸收峰，位于 1 460 cm^{-1} 附近的亚甲基变形振动吸收峰，位于 1 650 cm^{-1} 附近的双键伸缩振动吸收峰，以及位于

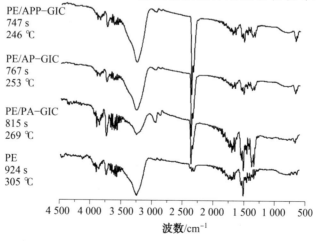

图 2.32　PE/GIC 热降解过程气相产物的 FTIR 谱图(250 ℃)

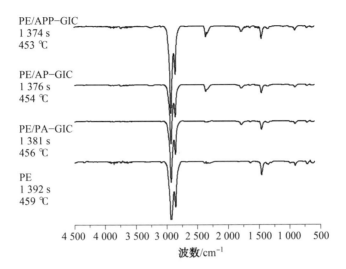

图 2.33　PE/GIC 热降解过程气相产物的 FTIR 谱图（450 ℃）

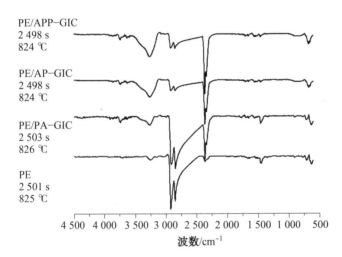

图 2.34　PE/GIC 热降解过程气相产物的 FTIR 谱图（820 ℃）

690 cm^{-1} 附近的双键上 C—H 弯曲振动吸收峰。

根据热降解初期（250 ℃）的 TG－FTIR 分析结果可见，在此温度下，PE 基本未发生显著的热降解，PE/GIC 的热降解主要来自 GIC 的热分解过程，GIC 的热分解产生了大量的 CO$_2$ 气体，并发现少量的 SO$_2$ 气体，对于含磷化合物共插层 GIC，未发现氨气及其他产物，主要原因在于含磷化合物插层数量有限，很难通过气相产物的分析检测到氨气，能观察到 H$_2$SO$_4$ 分

解产生的 SO_2 也非常微弱,大量 CO_2 的产生表明 GIC 在热分解过程中插层剂与石墨片层发生了氧化反应,这一反应也是导致少量 PE 提前发生热降解的关键。

在热降解中期,体系出现了最大的热失重速率,发生在 450 ℃ 左右。PE 热降解气相产物中出现了大量的饱和烷烃及少量的不饱和烯烃,其中,2 924 cm^{-1}、2 850 cm^{-1}、1 460 cm^{-1}、720 cm^{-1} 分别代表了亚甲基的伸缩振动、变形振动和摇摆振动吸收峰,而 1 644 cm^{-1}、1 356 cm^{-1}、910 cm^{-1} 分别代表了双键伸缩振动、双键上 C—H 的变形振动、双键上 C—H 的摇摆振动的吸收峰。PE/GIC 的 FTIR 谱图与 PE 具有相同的吸收峰,同时,还具有一些不同的吸收峰,最为显著的两个吸收峰分别出现在 2 350 cm^{-1} 和 1 780 cm^{-1} 附近,分别对应于 CO_2 的吸收峰和 C=O 的吸收峰。

由于热降解过程在高纯氮气气氛中进行,因此,聚乙烯的热降解过程为非氧化降解过程,气相产物以饱和烷烃和不饱和烯烃为主,气相产物的 FTIR 谱图中没有检测到含氧基团的存在。在同样的气氛下,从 PE/GIC 的降解产物的 FTIR 谱图中观测到含有 C=O 的吸收峰,表明气相产物中出现了含羰基的有机化合物。由于 GIC 为含磷化合物和 H_2SO_4 共插层石墨层间化合物,均为无机化合物,因此,所产生的含羰基的有机化合物应为 PE 降解过程中氧化降解所形成的。鉴于气氛中不含氧化元素,因此导致 PE 热氧化降解的主要原因在于 GIC 热降解过程中出现的氧化还原反应。

热降解后期,自 500 ℃ 之后,体系已经没有明显的热失重发生,在 800 ℃ 时,GIC 的膨胀体积已达到最大,此时各体系热降解气相产物在 2 300～3 000 cm^{-1} 出现宽峰,并在 1 600～2 000 cm^{-1} 出现一系列吸收峰,可能是芳烃类产物。其中,以 PE/GIC 在 1 600～2 000 cm^{-1} 出现的吸收峰较为明显,并仍可观察到较强的 CO_2 吸收峰,可见,GIC 在后期仍有分解发生,GIC 的进一步分解将有利于石墨化结构的形成,因此,含磷化合物－ H_2SO_4 共插层 GIC 促进了炭层的石墨化过程。

2.3.3　膨胀体系比较

1. 阻燃效果

膨胀型阻燃剂包括化学膨胀型阻燃剂和物理膨胀型阻燃剂。以 H_2SO_4 插层石墨层间化合物(以下简称 EG)与化学膨胀阻燃剂(以下简称 IFR,由聚磷酸铵、季戊四醇和三聚氰胺组成,取三者质量比为 3:1:1)为代表,研究了两者对聚乙烯的阻燃作用。以氧指数为阻燃性能的评价手段,阻燃剂用量对氧指数的影响结果如图 2.35 所示。随着阻燃剂用量的增加,PE/EG 和 PE/IFR 的氧指数表现出不同的变化过程。对于 PE/IFR 体系,氧指数逐渐增大,在 IFR 用量达到 50 phr 之后,氧指数变化不大,总体看来,体系氧指数的增加有限;对于 PE/EG 体系,其氧指数曲线始终在 PE/IFR 体系的氧指数曲线之上,表明 EG 的阻燃效果优于 IFR 的阻燃效果,当 EG 的用量达到 60 phr 时,阻燃聚乙烯的氧指数达到 28.3%,高于 PE/IFR 体系的氧指数。

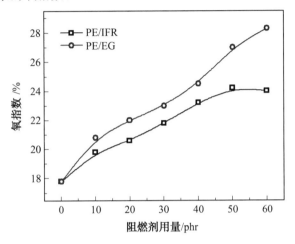

图 2.35　阻燃剂用量对氧指数的影响结果

2. 炭层结构

选取氧指数燃烧测试后的表面炭层进行形貌分析,如图 2.36 所示。作为典型的化学膨胀阻燃体系,有关 IFR 膨胀阻燃过程的研究表明,IFR 在热和火焰的作用下,组分间发生化学反应,形成具有隔热、隔质功能的多孔状炭阻挡层,可阻止火焰的传播,使基材免于进一步降解、燃烧,从而获得良好的阻燃效果。在 PE/IFR 燃烧表面形成了膨胀炭层,有效抑制了火焰的传播,起到阻燃作用,然而,就炭层表面结构看来,炭层的稳定性和强度较差,表面存在大量的孔洞和裂缝,炭层下的聚合物已经发生降解,这也是导致 PE/IFR 阻燃性能有限的重要原因。

PE/EG 燃烧后,在表面形成了膨胀石墨炭层,膨胀石墨表现为蠕虫形状,疏松多孔。膨胀石墨炭层具有良好的绝热作用,一方面可以减少辐射到被阻燃基材的热量,降低表面温度,抑制或阻止基材的进一步降解或燃烧,另一方面可以减少热降解产生的可燃性产物与氧气在气相和固相的扩散,抑制或阻止火焰的进一步传播。基于以上原因,EG 阻燃聚乙烯表现出较高的氧指数、较低的热失重速率和较高的成炭量。

(a) PE/IFR　　　　　　　　(b) PE/EG

图 2.36　PE/IFR 和 PE/EG 炭层形貌的 SEM 照片

3. 热降解行为

将 IFR 与 EG 分别用于阻燃聚乙烯(PE)，IFR 由酸源 APP、酸源 PER、气源三聚氰胺(melamine，MEL)组成。分别对 PE/IFR 和 PE/EG 体系的热降解行为进行了研究。在不同 IFR 用量时，PE/IFR 体系的热分析结果如图 2.37、图 2.38 和表 2.8 所示。PE/IFR 的热降解过程可分为 3 个阶段：$220 \sim 480\ ℃$、$480 \sim 520\ ℃$ 和 $520\ ℃$ 之后。体系在 $220\ ℃$ 开始热失重，APP 受热分解产生多聚磷酸，这一阶段主要的气相分解产物是氨气，有较小的质量损失，产生的磷酸使 PER 中的多羟基醇发生酯化、交联、芳基化及炭化反应，过程中形成的熔融态物质在气源 MEL 产生的不燃气体的作用下发泡、膨胀，形成多孔泡沫状炭层，获得隔热、隔质的阻燃效果；体系在 $480 \sim 520\ ℃$ 有明显的失重，其热失重峰所对应的温度与聚乙烯热降解失重峰的温度接近，主要是由于聚乙烯主链的热降解；$520\ ℃$ 之后体系质量略有下降，主要是由于炭层发生了进一步的降解。

从图 2.38 的 DTG 曲线可见，聚乙烯的热降解表现为一个热失重峰，相应于主链的降解；而 PE/IFR 体系均表现出两个显著的热失重峰，低温的热失重峰主要来自于 IFR 的热降解，高温的热失重峰主要来自于 PE 的热降解。由表 2.8 可见，与 PE 相比较，PE/IFR10 的热降解初始温度(相应于热失重 5% 的温度 T_5)下降了 $64\ ℃$，这应归因于 IFR 的热降解。从最大热失重峰相应的温度(T_{m_2})可见，PE/IFR10 的热降解温度比 PE 的热降解温度提高了 $11\ ℃$，表明 IFR 降解后形成的膨胀炭层有利于提高 PE 主链的热稳定性。同时，PE/IFR10 体系在 $550\ ℃$ 时的残余量比 PE 在 $550\ ℃$ 时的残余量提高了 6.1%，这主要来自于 IFR 的热降解成炭。

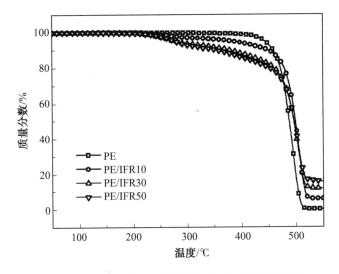

图 2.37　不同 IFR 用量下 PE/IFR 体系的 TG 曲线

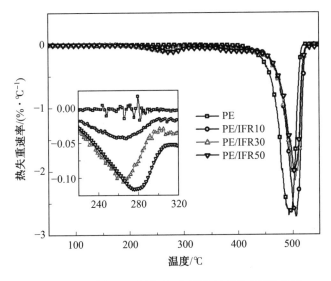

图 2.38　不同 IFR 用量下 PE/IFR 体系的 DTG 曲线

　　比较 IFR 用量对热降解行为的影响,见表 2.8。对于热稳定性而言,在 IFR 用量由 10% 增加至 20% 的过程中,T_5 显著降低了 104 ℃,而后 IFR 用量增加至 30% 时,T_5 不再变化。比较第一热失重峰相应的温度,可以看出,随着 IFR 用量增加,T_{m_1} 和 R_{m_1} 都呈现出增大的趋势。PE/IFR 体系的热降解稳定性受 IFR 用量的影响,IFR 受热分解及其组分间的化学反应是

导致 PE/IFR 体系初始热降解温度降低的主要原因,在 IFR 用量达到 20%
时,能形成有效的膨胀炭层。膨胀炭层有利于提高 PE 主链的稳定性,IFR
用量对降解温度影响较小,但有利于降低热失重速率。

表 2.8 不同 IFR 用量下 PE/IFR 体系的热分析数据

样品	PE	PE/IFR10	PE/IFR30	PE/IFR50
IFR/phr	0	10	30	50
T_5/℃	443	379	275	275
T_{m_1}/℃	—	262	265	271
R_{m_1}/(%·℃$^{-1}$)	—	0.04	0.09	0.11
T_{m_2}/℃	494	505	505	505
R_{m_2}/(%·℃$^{-1}$)	2.64	2.65	2.13	2.04
550 ℃ 残余量/%	0	6.1	11.7	16.6

由以上分析可见,在 IFR 用量较少时,不足以形成致密的膨胀炭层,其
隔热、隔质效果较差,无法抑制体系的进一步降解,因此,最大热失重速率
较高,阻燃效果较差;在较高的 IFR 用量下,尽管热降解前期(220 ～
480 ℃)IFR 热分解导致了较高的热失重,但有利于形成膨胀炭层,能够有
效地抑制材料的降解,因此,对于 IFR 用量较高的 PE/IFR 体系,最大热失
重速率大幅下降,体系残余量较高。

PE/EG 体系的热分析结果如图 2.39、图 2.40 和表 2.9 所示。随着 EG
用量的增加,体系的初始热失重温度(T_5)逐渐降低。EG 的热稳定性较
低,在 200 ℃ 即开始膨胀,发生热分解,导致其阻燃体系的热降解温度降

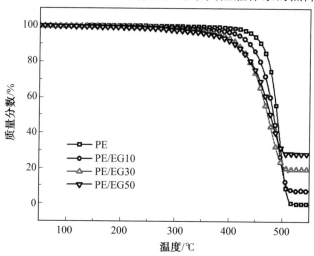

图 2.39 不同 EG 用量 PE/EG 体系的 TG 曲线

低。同时,随着 EG 用量的增加,体系在热降解结束时的残余量大大增加,这对于阻燃性能的改善是非常关键的。

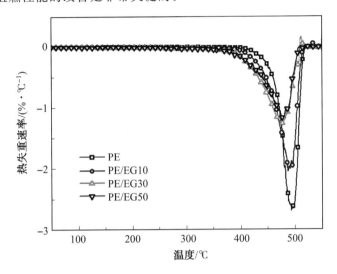

图 2.40　不同 EG 用量 PE/EG 体系的 DTG 曲线

表 2.9　不同 EG 用量下 PE/EG 体系的热分析数据

样品	PE	PE/EG10	PE/EG30	PE/EG50
EG/phr	0	10	30	50
T_5/℃	443	418	383	367
T_m/℃	494	491	475	476
R_m/(% · ℃$^{-1}$)	2.64	2.03	1.24	1.17
550 ℃ 残余量 /%	0	7.5	19.3	28.1

随着 EG 用量的增加,阻燃聚乙烯体系的热失重速率大幅降低。EG 在受热到一定程度时开始膨胀,形成膨胀石墨炭层,可有效发挥隔热作用,延缓聚合物的降解,稳定了聚合物,这也是导致残余量大幅增加的主要原因。体系的热失重曲线受 EG 的影响不大,说明 EG 与聚乙烯的化学作用甚微,EG 的阻燃机理关键在于膨胀石墨炭层的物理作用。

总体看来,IFR 膨胀阻燃聚乙烯表现出典型的化学膨胀阻燃特性,IFR 用量多的体系将有利于膨胀炭层的形成,凝聚相的膨胀成炭对 PE 主链的稳定起到重要的作用。与 PE/IFR 体系相比,PE/EG 体系因形成了膨胀石墨炭层而表现出较低的热失重速率、较高的残余量,这也是导致该体系具有较好阻燃性能的关键因素。两种炭层在高温下的稳定性有一定的差别,

PE/IFR 体系在较高温度（520 ℃ 以上）下仍表现出一定的热失重，而 PE/EG 体系在 520 ℃ 以上基本没有热失重，说明膨胀石墨炭层具有良好的稳定性。

尽管 EG 和 IFR 的阻燃作用均依赖于所形成的膨胀炭层，但膨胀炭层的形成机理却完全不同，IFR 依靠组分间的化学作用形成膨胀炭层，因此体系的热分析曲线表现出多个失重阶段，EG 由于自身发生体积膨胀形成膨胀炭层，其热分解并不影响 PE 的热降解过程，因此，PE/EG 体系的热失重曲线表现出类似 PE 热失重曲线的行为。

如图 2.41 所示，将 PE/IFR 和 PE/EG 热降解过程在 550 ℃ 的残余量与 IFR 或 EG 用量的关系进行对比。考虑到 PE 在热降解过程中没有残炭生成，IFR 或 EG 是产生热降解成炭的主要原因。残余量与阻燃剂用量呈现了很好的线性关系，表明 PE 并未参与炭层的形成，二者对于 PE 热降解的作用机理是相同的，均以膨胀炭层的物理作用为主。

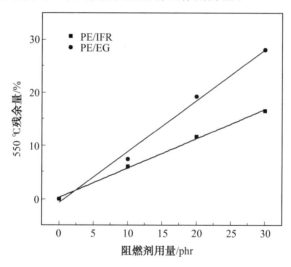

图 2.41　材料在 550 ℃ 的残余量与阻燃剂用量的关系

综上所述，通过对膨胀阻燃聚乙烯的阻燃性能及热降解行为和炭层表面形貌的研究可知，PE/EG 和 PE/IFR 表现出不同的阻燃机理，前者主要依靠 EG 的体积膨胀而形成膨胀炭层，后者则通过组分间的化学作用形成膨胀炭层，因此两种阻燃体系表现出显著不同的热降解行为。膨胀炭层的致密性和耐热性对阻燃性能起到了关键作用，EG 具有良好阻燃性能的关键在于形成了有效的膨胀石墨炭层，能够降低体系的热降解速率，延缓聚合物的热降解，增加了体系燃烧过程中的成炭。与 EG 相比，尽管 IFR 也具有一定的阻燃作用,但由于形成的膨胀炭层的致密性不足、耐热性有限等因素,因此PE/IFR体系的阻燃性能有限,与PE/EG体系相比,其热失重速率较高、残余量较低。

2.3.4　协同阻燃作用

1. 阻燃效果

APP常被作为传统化学膨胀阻燃剂的酸源使用,其单独使用时阻燃效用很有限,经常与其他无卤阻燃剂配合使用。为考察EG与APP的协同阻燃作用,对不同APP用量下(EG用量为30 phr)的阻燃聚乙烯的阻燃性能进行了测试,将实验结果与理论计算结果相比较,APP用量对PE/EG/APP氧指数的影响如图2.42所示。实验曲线显著高于理论计算曲线,表明EG与APP之间存在协同阻燃效果。与EG阻燃PE相比,在相同的阻燃剂用量下,EG/APP协同阻燃PE体系表现出较高的氧指数,仅加入少量的APP即可以有效提高体系的氧指数。在EG用量为30 phr、APP用量为5 phr、体系总的阻燃剂用量为35 phr时,其氧指数为28.4%。这与仅采用EG阻燃的PE体系,在EG用量为60 phr时的氧指数相当。由此可见,EG和APP的协同阻燃作用使阻燃性能明显改善。EG与APP存在较佳的协同比例,在APP用量超过20 phr之后,体系氧指数的增大幅度减小,理论计算曲线与实验曲线近似于平行,表明此时体系氧指数的增大主要来源于阻燃剂用量的增加。

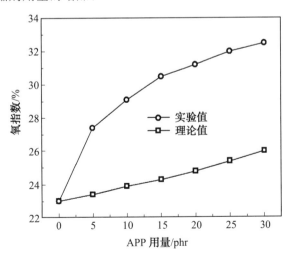

图 2.42　APP用量对PE/EG/APP氧指数的影响

　　类似地,在 EG 用量固定不变(30 phr)的条件下,逐步增加 IFR 的用量,研究 EG 与 IFR 之间的协同阻燃作用,如图 2.43 所示。从图 2.43 可以看出,氧指数的实验结果显著高于理论计算结果,表明 EG 和 IFR 之间存在显著的协同阻燃效果。在 EG 用量不变的情况下,PE/EG/IFR 体系的氧指数随 IFR 用量的增加而显著增大,EG/IFR 协同阻燃体系的氧指数明显高于单独使用两种阻燃剂的体系,仅添加 5 phr IFR 的协同阻燃 PE/EG/IFR 体系的氧指数就高达 29.8%,甚至高于单独添加 60 phr EG 时体系的氧指数,更明显优于单独使用 IFR 的阻燃体系,表现出良好的协同阻燃作用。在 IFR 用量为 20 phr(体系总的阻燃剂用量为 50 phr)时,PE/EG/IFR 的氧指数已经达到 33% 以上。在 IFR 用量高于 20 phr 时,氧指数的理论计算结果与实验结果表现出平行状态,表明 EG 与 IFR 之间存在一定的协同阻燃范围。在阻燃剂用量为 30 phr 时,在 EG 与 IFR 的质量比不同时,研究了二者的协同配比,如图 2.44 所示。在实验范围内,氧指数的实验值显著高于理论值,证明了 EG 与 IFR 之间显著的协同阻燃作用,在 EG 与 IFR 的质量比为 1∶1 时,可获得较好的阻燃性能,氧指数达到 31.6%。

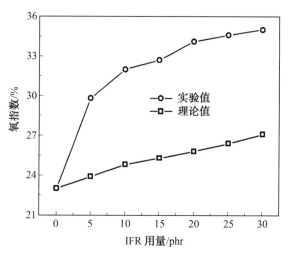

图 2.43　IFR 用量对 PE/IFR/EG 氧指数的影响

　　良好的膨胀阻燃效果取决于膨胀炭层的化学结构与物理特性,鉴于 EG 与 IFR 表现出不同的膨胀机理,利用二者膨胀协同作用可以更有效地提高炭层的稳定性和致密性,进而可以大幅提高阻燃聚合物体系的阻燃性能。图 2.45 给出了单一阻燃剂体系和复配阻燃剂对 PE 的氧指数。在阻燃剂用量相同(50 phr)时,PE/EG/APP 和 PE/EG/IFR 具有较好的阻燃

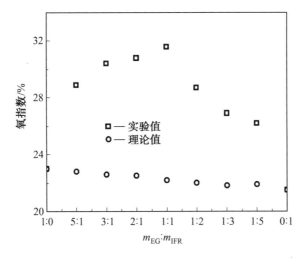

图 2.44 阻燃剂用量比对 PE/EG/IFR 体系氧指数的影响

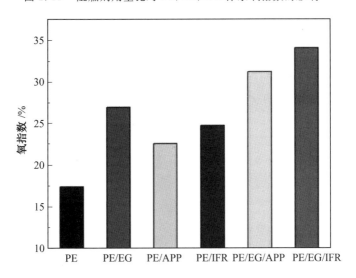

图 2.45 EG、APP、IFR 及其协同阻燃 PE 的氧指数

（阻燃剂添加量为 50 phr）

效果，其氧指数均超过 30％，且 PE/EG/IFR 的氧指数已接近 35％。

2. 炭层结构

阻燃剂的复配使用是获得高效阻燃剂的途径之一，EG 与 APP 和 IFR 阻燃剂表现出良好的协同阻燃作用，对其炭层进行形貌分析和 EDS 谱图测试，如图 2.46 和图 2.47 所示。EG 单独阻燃 PE 时，虽形成了较厚的膨胀炭层,但此炭层疏松多孔,膨胀石墨之间出现明显的孔洞,彼此之间黏结有限,而在 EG/APP 阻燃 PE 体系的炭层中,膨胀石墨间的孔洞显著减少,而且表面炭层出现 APP 热降解产物,有力地促进了膨胀石墨间的黏结,形成了较为致密的膨胀炭层,具有更好的隔热、隔氧作用,有利于体系阻燃性能的提高。炭层的 EDS 分析表明,在 PE/EG/APP 体系燃烧炭层表面发现了磷元素,证明 APP 参与了炭层的形成。

(a) PE/EG 炭层的SEM图片　　　　　(b) PE/EG/APP 炭层的SEM图片

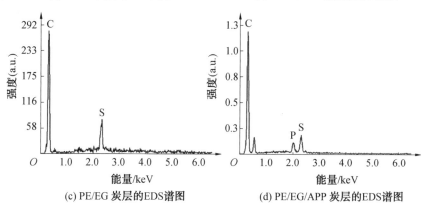

(c) PE/EG 炭层的EDS谱图　　　　　(d) PE/EG/APP 炭层的EDS谱图

图 2.46　PE/EG 和 PE/EG/APP 炭层的 SEM 图片与 EDS 谱图

EG 形成的炭层结构以膨胀石墨为主,膨胀石墨表现为蠕虫形状,IFR 由于组分间的化学作用,形成具有一定连续性的炭层结构,两种结构均出现在 PE/EG/IFR 的炭层结构中。由图 2.47 可见,蠕虫状膨胀石墨镶嵌在连续的膨胀炭层中,充分证明了两种炭层结构之间的相互作用。由于热分解温度相近,因此 EG 与 IFR 的膨胀成炭过程可互相作用,形成互相贯穿的炭层结构。IFR 的热分解成炭有效弥补了 EG 膨胀"蠕虫"之间的孔洞,有利于与 EG 形成多层、致密、稳定的膨胀炭层,而膨胀石墨良好的热稳定性

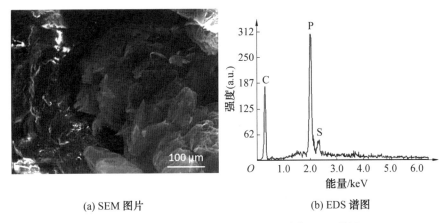

(a) SEM 图片　　　　　　　　(b) EDS 谱图

图 2.47　PE/EG/IFR 炭层的 SEM 图片与 EDS 谱图

有效提高了 IFR 炭层的稳定性,弥补了 IFR 炭层耐热性不足的弱点,形成了膨胀石墨嵌入 IFR 炭层之间的嵌合炭层结构,对于提高炭层的致密性、热稳定性发挥了重要作用,使得炭层的厚度增加,膨胀性增强,抵抗热压力的能力增强,能够有效保护基体,抑制降解,使其残余率增加,阻燃性提高。

　　EG/IFR 的协同阻燃作用机理关键在于两种膨胀炭层相互作用的协同。从炭层的 EDS 能谱分析可见,在 PE/EG/IFR 炭层中发现了磷元素,甚至高于 PE/EG/APP 中的磷元素含量,表明 IFR 充分与 EG 的膨胀炭层相互作用。由于 IFR 的分解温度与 EG 的分解温度接近,因此,能够在 EG 膨胀过程中与之相互作用,使炭层中磷元素的质量分数增加,形成了致密的炭层。

3. 热降解行为

　　当阻燃剂的总量(50 phr)不变时,比较了 3 种阻燃剂(EG、APP、IFR)分别阻燃 PE 体系的 TG 曲线,如图 2.48 所示。与 EG 和 IFR 相比,APP 的初始热分解温度较高,在 260 ℃ 开始分解,因此,添加 APP 体系的初始热失重温度(T_5)较高。用 APP 取代部分 EG,将有利于整体膨胀炭层热稳定性的提高,而 EG 和 IFR 具有接近的初始热降解温度,在 250 ℃ 即表现出显著的热失重。对于体系在 550 ℃ 的残余量而言,PE/EG 体系的残余量最多,而 PE/IFR 体系的残余量最少,同时,在 550 ℃ 之后,PE/APP 和 PE/IFR 的降解趋势仍十分显著,EG 阻燃形成的炭层具有更好的稳定性。

　　图 2.49 比较了 PE/EG/APP 体系的理论计算 TG 曲线与实验 TG 曲线。可见,两条曲线的形状基本类似,实验曲线略向高温移动,变化不大。

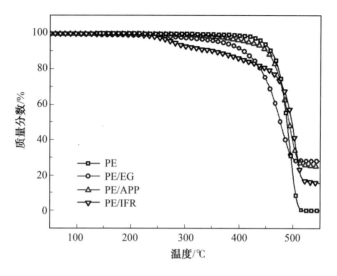

图 2.48　EG、APP、IFR 阻燃 PE 体系的 TG 曲线

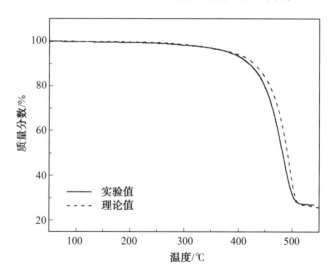

图 2.49　PE/EG/APP 体系的理论计算 TG 曲线与实验 TG 曲线

其结果表明,EG 与 APP 之间的协同阻燃效应主要在于物理作用,即二者的共同作用促进了膨胀炭层的致密性和热稳定性,而二者之间的化学作用甚微。

表 2.10 比较了 EG、APP、EG/APP 阻燃 PE 体系的热分析数据,可以看到,随着 APP 的加入,阻燃聚乙烯体系的热失重速率上升,但同时最大热失重温度有所提高。由于聚乙烯中几乎没有含氧基团,因此,APP 促进

脱水炭化的作用基本上无法发挥。在热降解后期,APP的分解也是导致热失重速率较大的重要原因,但与单纯使用APP的阻燃体系相比,由于EG的引入,在热降解前期形成了膨胀石墨炭层,对于阻止热和氧的传递起到很大作用,因此体系的热失重速率降低。由于EG用量减少,而且APP在热降解后期产生较大的热失重,因此,体系在550℃的残余量降低,更接近于PE/APP体系的残余量。鉴于图2.49中理论计算曲线和实验曲线的残余量基本相同,可见,EG/APP协同阻燃PE并没有促进体系的成炭。

表2.10 EG、APP、EG/APP阻燃PE体系的热分析数据

样品	PE/EG50	PE/EG30/APP20	PE/APP50
EG/phr	50	30	—
APP/phr	—	20	50
$T_5/℃$	367	388	418
$T_m/℃$	476	493	492
$R_m/(\% \cdot ℃^{-1})$	1.17	1.49	1.65
550℃残余量/%	28.1	26.0	25.6

从以上研究结果可见,尽管APP自身对PE的阻燃效果不佳,但在少量添加时,即可使PE/EG/APP体系的氧指数大幅提升,EG与APP表现出显著的协同阻燃作用,在阻燃剂总用量仅为35 phr时,体系的氧指数既可与采用60 phr EG阻燃的体系相当,又大幅减少了阻燃剂的用量。由对PE/EG/APP体系的热降解行为的研究可见,二者的复配使用并没有改变PE的热降解过程,凝聚相的物理作用仍是阻燃机理的关键。

PE/EG/IFR体系的理论计算TG曲线与实验TG曲线如图2.50所示,实验曲线与理论计算曲线的形状基本类似,实验曲线在热降解后期略向低温移动,变化不大,表明EG与IFR之间的协同阻燃效应主要在于物理作用,即二者共同作用促进了膨胀炭层的致密性和热稳定性,而二者之间的化学作用甚微。

热失重数据结果在表2.11中列出。比较EG、IFR、EG/IFR阻燃PE体系的热失重数据,可以看出,EG/IFR阻燃体系的初始热失重温度(T_5)低于单独使用EG的阻燃体系的初始热失重温度,其原因在于IFR初始热分解温度较低。由于二者的热分解温度比较接近,因此更有利于形成相互作用的炭层,同时EG、EG/IFR、IFR体系的残余量是依次降低的。尽管在EG/IFR体系中使用了较多的IFR(EG与IFR质量比为3:2),但其550℃

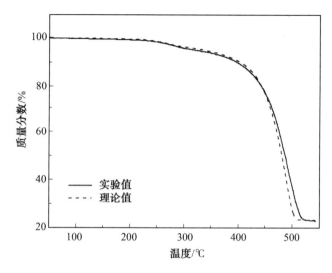

图 2.50　PE/EG/IFR 体系的理论计算 TG 曲线与实验 TG 曲线

的残余量远高于 IFR 阻燃体系,与 EG 阻燃体系接近,说明 EG/IFR 体系能够形成稳定的炭层。复合体系的炭层具有良好的热稳定性,体系在 550 ℃以上热失重趋势不显著。

表 2.11　EG、IFR、EG/IFR 阻燃 PE 的热分析数据

样品	PE/EG50	PE/EG30/IFR20	PE/IFR50
EG/phr	50	30	—
IFR/phr	—	20	50
T_5/℃	367	337	275
T_m/℃	476	486	500
R_m/(% · ℃$^{-1}$)	1.17	1.26	2.04
550 ℃ 残余量 /%	28.1	23.6	15.6

　　EG、EG/IFR 及 IFR 阻燃体系的最大热失重速率依次增大,最大热失重温度依次升高。IFR 体系较另两种体系的热降解速率大得多,且分解较完全,残余量低。与 EG 相比,EG/IFR 体系具有更高的热分解温度,原因在于 EG 和 IFR 在不同的阶段发挥作用,有利于形成隔热性能更好的膨胀炭层,因此热稳定性增强,膨胀炭层的协同效果明显。同时,EG/IFR 和 IFR 曲线在 250 ℃ 有一个失重峰,对应了 IFR 的前期分解。由于体系热重曲线变化不大,与理论计算相近,因此 EG 与 IFR 之间的协同作用以炭层的

物理协效为主。

本章参考文献

[1] DRESSELHAUS M S,DRESSELHAUS G. Intercalation compounds of graphite[J]. Advances in Physics,2002,51(1):1-186.

[2] 黄颖霞,周宁琳,李利,等.石墨层间化合物的合成及其结构研究[J].南京师大学报(自然科学版),2005(4):57-59.

[3] 关正辉.石墨层间化合物的特性及应用前景[J].甘肃科技,2002(10):48-49.

[4] 时虎,胡源,赵华伟.石墨层间化合物在阻燃防火上的应用[J].非金属矿,2001,24(5):31-33.

[5] JIN T,MA Y,LI T. An efficient and simple procedure for acylation of alcohols and phenols with acetic anhydride catalysed by expansive graphite[J]. Indian Journal of Chemistry,1999,38B:109-110.

[6] 陈志刚,张勇,杨娟,等.膨胀石墨的制备、结构和应用[J].江苏大学学报(自然科学版),2005,26(3):248-252.

[7] DRESSELHAUS M S,DRESSLHAUS G. Intercalation compounds of graphite[J]. Advanced in Physics,1981,30(2):139-326.

[8] DUQUESNE S,BRAS M,BOURBIGOT S,et al. Thermal degradation of polyurethane and polyurethane/expandable graphite coatings[J]. Polymer Degradation and Stability,2001,74:493-499.

[9] 金为群,张华蓉,权新军,等.石墨插层复合材料制备及应用现状[J].中国非金属矿工业导刊,2005,4(48):8-12.

[10] 卢锦花,李贺军.石墨层间化合物的制备、结构与应用[J].炭素技术,2003(1):21-24

[11] 康飞宇.石墨层间化合物的研究与应用前景[J].新型碳材料,1991(3-4):89-97.

[12] 李士贤,姚建,林定浩.石墨[M].北京:化学工业出版社,1991.

[13] YAROSHENKO A P,SAVOSKIN M V,MAGAZINSKII A N, et al. Synthesis and properties of thermally expandable residual graphite hydrosulfite obtained in the system $HNO_3 - H_2SO_4$[J]. Russian Journal of Applied Chemistry,2002,75(6):861-865.

[14] 闫爱华,韩志东,吴泽,等.不同氧化剂制备可膨胀石墨的研究[J].化学工

程师,2006,127(4):6-9.

[15] 吴泽,张达威,黄荣华,等.可膨胀石墨的制备及影响因素[J].哈尔滨理工大学学报,2007,12(2):128-130.

[16] 韩志东,杜鹏,董丽敏,等.分步插层法制备硝酸盐-硫酸-GIC[J].新型炭材料,2009,24(4):379-382.

[17] YAROSHENKO A P,SAVOSKIN M V,MAGAZINSKII A N, et al.Synthesis and properties of expandable residual graphite hydrosulfate obtained in the system $CrO_3 - H_2SO_4$ [J].Russian Journal of Applied Chemistry,2003,76(7):1052-1054.

[18] CHUNG D D L.Review:graphite[J].Journal of Materials Science,2002, 37:1475-1489.

[19] DAUMAS N,HEROLD A.Domain model of graphite intercalation compounds in higher stage[J].Comptes Rendus de l' Academie des Sciences Serie Chemie,1969,268:272-378.

[20] HAWRYLAK P,SUBBASWAMY K R.Kinetic model of stage transformation and intercalation in graphite[J].Physical Rewiew Letters, 1984,53(22):2098-2101.

[21] 徐仲偷,苏玉长.石墨层间化合物在插层过程中阶的转变模式[J].碳素技术,1999(1):1-7.

[22] SOROKINA N E,MUDRETSOVA S N,MAIOROVA A F,et al. Thermal properties of graphite intercalation compounds with HNO_3 [J]. Inorganic Materials,2001,37(2):153-156.

[23] MYSYK R D,VAIMAN G E,SAVOSKIN M V,et al.Model for the thermal expansion of modified graphite nitrates[J].Theoretical and Experimental Chemistry,2003,39(4):225-229.

[24] REN H,KANG F,JIAO Q,et al.Kinetics of the thermal decomposition of intercalation compounds during exfoliation[J].New Carbon Materials, 2006,21(4):315-320.

[25] 王建祺.无卤阻燃聚合物基础与应用[M].北京:科学出版社,2005.

[26] NELSO G L,WILKIE C A.Fires and polymer:materials and solutions for hazard prevention[M].Washington DC:ACS Publications,2001.

[27] 韩志东,张达威,董丽敏,等.磷酸铵与多聚磷酸铵插层可膨胀石墨的制备[J].无机化学学报,2007,23(2):286-290.

[28] DUQUESNE S,BRAS M,BOURBIGOT S,et al.Thermal degradation of

polyurethane and polyurethane/expandable graphite coatings[J]. Polymer Degradation and Stability,2001,74:493-499.

[29] QU B,XIE R. Intumescent char structures and flame-retardant mechanism of expandable graphite-based halogen-free flame-retardant linear low density polyethylene blends[J]. Polymer International,2003,52:1415-1422.

[30] DUQUESNE S,DELOBEL R,BRAS M,et al. A comparative study of the mechanism of action of ammonium polyphosphate and expandable graphite in polyurethane[J]. Polymer Degradation and Stability,2002,77:333-344.

[31] DUQUESNE S,BRAS M,BOURBIGOT S,et al. Mechanism of fire retardancy of polyurethanes using ammonium polyphosphate[J]. Journal of Applied Polymer Science,2001,82:3262-3274.

[32] XIE R,QU B,HU K. Dynamic FTIR studies of thermao-oxidation of expandable graphite-based halogen-free flame retardant LLDPE blends[J]. Polymer Degradation and Stability,2001,72:313-321.

[33] XIE R,QU B. Thermo-oxidative degradation behaviors of expandable graphite-based intumescent halogen-free flame retardant LLDPE blends[J]. Polymer Degradation and Stability, 2001,71:395-402.

[34] FENG F,QIAN L. The flame retardant behaviors and synergistic effect of expandable graphite and dimethyl methylphosphonate in rigid polyurethane foams[J]. Polymer Composites,2014, 35:301-309.

[35] CHEN X,SONG W,LIU J,et al. Synergistic flame-retardant effects between aluminum hypophosphite and expandable graphite in silicone rubber composites[J]. Journal of Thermal Analysis and Calorimetry,2015,120:1819-1826.

[36] SHEN M,LI K,KUAN C,et al. Preparation of expandable graphite via ozone-hydrothermal process and flame-retardant properties of high-density polyethylene composites[J]. High Performance Polymers,2014,26:34-42.

[37] TSAI K,KUAN H,CHOU H,et al. Preparation of expandable graphite using a hydrothermal method and flame-retardant properties of its halogen-free flame-retardant HDPE

composites[J]. Journal of Polymer Research,2011,18:483-488.

[38] PANG X,TIAN Y,WENG M. Preparation of expandable graphite with silicate assistant intercalation and its effect on flame retardancy of ethylene vinyl acetate composite[J]. Polymer Composites,2015,36:1407-1416.

[39] PANG X,ZHAI Z,DUAN M,et al. Synthesis of expandable graphite and its effect on flame retardancy properties of polyethylene[J]. Indian Journal of Chemical Technology,2015, 22:67-72.

[40] LI Y,ZOU J,ZHOU S,et al. Effect of expandable graphite particle size on the flame retardant,mechanical,and thermal properties of water-blown semi-rigid polyurethane foam[J]. Journal of Applied Polymer Science,2014,131:39885.

[41] SEFADI S J,LUYT A S,PIONTECK J. Effect of surfactant on EG dispersion in EVA and thermal and mechanical properties of the system[J]. Journal of Applied Polymer Science,2015,132:41352.

[42] CHIANG C,HSU S. Novel epoxy/expandable graphite halogen-free flame retardant composites:preparation,characterization,and properties[J]. Journal of Polymer Research,2010,17:315-323.

[43] ZHENG Z,LIU Y,ZHANG L,et al. Synergistic effect of expandable graphite and intumescent flame retardants on the flame retardancy and thermal stability of polypropylene[J]. Journal of Materials Science,2016,51:5857-5871.

[44] WU X,WANG L,WU C,et al. Flammability of EVA/IFR (APP/PER/ZB System) and EVA/IFR/synergist (CaCO$_3$,NG, and EG) composites[J]. Journal of Applied Polymer Science,2012, 126:1917-1928.

[45] PANG X,TIAN Y,SHI X. Synergism between hydrotalcite and silicate-modified expandable graphite on ethylene vinyl acetate copolymer combustion behavior[J]. Journal of Applied Polymer Science,2017,134:44634.

[46] LI Z,QU B. Flammability characterization and synergistic effects of expandable graphite with magnesium hydroxide in halogen-free flame-retardant EVA blends[J]. Polymer Degradation and

Stability,2003,81:401-408.

[47] GE L,DUAN H,ZHANG X,et al. Synergistic effect of ammonium polyphosphate and expandable graphite on flame-retardant properties of acrylonitrile-butadiene-styrene[J]. Journal of Applied Polymer Science,2012,126:1337-1343.

[48] ZHANG Y,CHEN X,FANG Z. Synergistic effects of expandable graphite and ammonium polyphosphate with a new carbon source derived from biomass in flame retardant ABS[J]. Journal of Applied Polymer Science,2013,128:2424-2432.

[49] ALONGI J,FRACHE A,GIOFFREDI E. Fire-retardant poly(ethylene terephthalate) by combination of expandable graphite and layered clays for plastics and textiles[J]. Fire and Materials,2011,35:383-396.

[50] MU X,YUAN B,HU W,et al. Flame retardant and anti-dripping properties of polylactic acid/ poly (bis (phenoxy) phosphazene)/ expandable graphite composite and its flame retardant mechanism[J]. RSC Advances,2015,5:76068-76078.

[51] JIN X,CHEN C,SUN J,et al. The synergism between melamine and expandable graphite on improving the flame retardancy of polyamide 11[J]. High Performance Polymers,2017,29:77-86.

[52] CHEN C,YEN W,KUAN H,et al. Preparation,characterization, and thermal stability of novel PMMA/expandable graphite halogen-free flame retardant composites[J]. Polymer composites, 2010,31:18-24.

[53] LIU J,ZHANG Y,PENG S,et al. Fire property and charring behavior of high impact polystyrene containing expandable graphite and microencapsulated red phosphorus[J]. Polymer Degradation and Stability,2015,121:261-270.

[54] LI K,KUAN C,KUAN H,et al. Preparation,characterization,and flame retardance of high-density polyethylene/sulfur-free expandable graphite composites[J]. High Performance Polymers,2014,26:798-809.

[55] HAN Z,DONG L,LI Y,et al. A comparative study on the synergistic effect of expandable graphite with APP and IFR in Polyethylene[J]. Journal of Fire Sciences,2007,25(1):79-91.

[56] ZHANG P,HUA Y,SONG L,et al. Effect of expanded graphite on

properties of high-density polyethylene/paraffin composite with intumescent flame retardant as a shape-stabilized phase change material[J]. Solar Energy Materials & Solar Cells, 2010, 94:360-365.

[57] YANG S, WANG J, HUO S, et al. Synergistic flame-retardant effect of expandable graphite and phosphorus-containing compounds for epoxy resin:strong bonding of different carbon residues[J]. Polymer Degradation and Stability, 2016, 128:89-98.

[58] SHIH Y, WANG Y, JENG R, et al. Expandable graphite systems for phosphorus-containing unsaturated polyesters. I. Enhanced thermal properties and flame retardancy[J]. Polymer Degradation and Stability, 2004, 86:339-348.

[59] ZHANG X, DUAN H, YAN D, et al. A facile strategy to fabricate microencapsulated expandable graphite as a flame-retardant for rigid polyurethane foams[J]. Journal of Applied Polymer Science, 2015, 132:42364.

[60] YE L, MENG X, JI X, et al. Synthesis and characterization of expandable graphite-poly(methyl methacrylate) composite particles and their application to flame retardation of rigid polyurethane foams[J]. Polymer Degradation and Stability, 2009, 94:971-979.

[61] GAO L, ZHENG G, ZHOU Y, et al. Synergistic effect of expandable graphite, melamine polyphosphate and layered double hydroxide on improving the fire behavior of rosin-based rigid polyurethane foam[J]. Industrial Crops and Products, 2013, 50:638-647.

[62] XU W, LIU L, WANG S, et al. Synergistic effect of expandable graphite and aluminum hypophosphite on flame-retardant properties of rigid polyurethane foam[J]. Journal of Applied Polymer Science, 2015, 132:42842.

[63] DUAN H, KANG H, ZHANG W, et al. Core-shell structure design of pulverized expandable graphite particles and their application in flame-retardant rigid polyurethane foams[J]. Polymer International, 2014, 63:72-83.

[64] BAI G, GUO C, LI L. Synergistic effect of intumescent flame retardant

and expandable graphite on mechanical and flame-retardant properties of wood flour-polypropylene composites[J]. Construction and Building Materials,2014(50):148-153.

[65] GUO C,ZHOU L,LV J. Effects of expandable graphite and modified ammonium polyphosphate on the flame-retardant and mechanical properties of wood flour-polypropylene composites[J]. Polymers and Polymer Composites,2013,21:449-456.

[66] ZHENG J,LI B,GUO C,et al. Flame-retardant properties of acrylonitrile-butadiene-styrene/wood flour composites filled with expandable graphite and ammonium polyphosphate[J]. Journal of Applied Polymer Science,2014,131:40281.

第3章 石墨烯薄片及其阻燃材料

石墨烯（graphene）是一种由碳原子紧密堆积构成的二维晶体，是包括富勒烯、碳纳米管、石墨在内的碳的同素异形体的基本组成单元。石墨烯材料的晶片厚度被定义在 $1 \sim 10$ 个碳原子层的厚度，在原子力显微镜下石墨烯厚度为 $0.5 \sim 5$ nm。根据石墨烯所包含碳层数的不同，石墨烯可分为单层石墨烯（single-layer graphene）、双层石墨烯（bi-layer graphene）和少数层石墨烯（few-layer graphene）。当石墨碳层厚度为 $5 \sim 100$ nm 时，这种物质称为石墨烯薄片（graphene nanoplatelets）。

自从 2004 年 Novoselov 小组成功制备石墨烯之后，有关石墨烯的研究工作迅速展开，由于在力学、热学、电学、光学等方面的优异性能，因此石墨烯成为近年来化学、材料科学及物理学领域的研究热点。制备方法是石墨烯研究的主要内容之一，目前研究较为广泛的制备方法包括：机械剥离法、化学氧化还原法、热分解 SiC 法、化学气相沉积法、静电斥力剥离法、外延生长法等。

用天然鳞片石墨制备石墨烯被认为是适于批量生产的技术方法之一。本章以天然鳞片石墨为原料，分别探讨了原位氧化剥离方法与膨胀石墨机械剥离方法的制备技术。两种方法的特点在于，在较低的氧化作用下，既实现了石墨片层的剥离，又有利于保持天然石墨的片层结构，对于满足石墨烯在阻燃聚合物领域的需求及用量具有重要的意义。

3.1 石墨的原位氧化剥离

3.1.1 超声波作用

超声波在制备和分散石墨烯的过程中具有显著的作用，可用于单层或少层石墨烯及石墨烯薄片的制备与分散，被认为是适用于批量制备石墨烯悬浮液的一种有效方法[1]。超声作用机理是借助溶剂中的超声空化作用将石墨片层剥离。当超声波能量足够高时，能产生"超声空化"现象，即指存在于液体中的微气核空化泡在超声场的作用下振动、生长并不断聚集声场能量，当能量达到某个阈值时，空化气泡急剧崩溃闭合的过程。

超声波在液体中形成的空穴崩溃能产生高温、高压、放电、发光及激震波等作用,因此超声波获得广泛的应用。例如,利用超声波空化作用所产生的机械效应,可实现吸附、结晶、电化学、非均相化学反应、过滤以及超声清洗等应用;而利用超声波空化作用所产生的化学效应,可实现有机物降解、高分子化学反应及其他自由基反应。

在液相法制备石墨层间化合物的过程中,氧化作用不仅使石墨片层间距增大,而且在插层反应过程中石墨层间结合了一定的溶剂分子,为超声空化作用剥离石墨片层创造了反应环境。超声空化作用所产生的高能量冲击从石墨层隙内部作用,将片层从石墨上剥离开来,得到分散在溶剂中的石墨烯。另一方面,借助于超声波的空化作用所产生的机械效应和化学效应,能够促进插层剂的插层反应,而有助于形成较低阶结构的石墨层间化合物,为单层或少层石墨烯的制备创造了条件。

溶剂或液体插层剂的作用对于发挥超声波的空化作用有较大影响。天然鳞片石墨在通过插层反应形成石墨层间化合物的过程中,引入超声作用前后所制备的 H_2SO_4 − GIC 产物干燥前后的 XRD 谱图如图 3.1 和图 3.2 所示。未引入超声作用时,从图 3.1 可以观察到,湿态下产物的衍射角位置较低,干燥后的产物具有较高的衍射峰强度和较高的衍射角位置。氧化作用在石墨片层表面形成了一定量的含氧基团,能够与溶剂分子相结合,形成较大的片层间距。同时,溶剂的作用也导致片层间的作用力降低,存在片层剥离,以致产物的结晶规整度下降,相应于晶体的衍射峰强度下降。相比之下,如图 3.2 所示,超声作用下制备的产物具有较低的衍射峰

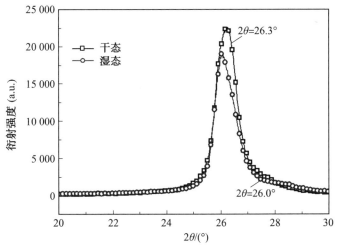

图 3.1　H_2SO_4 − GIC 产物干燥前后的 XRD 谱图

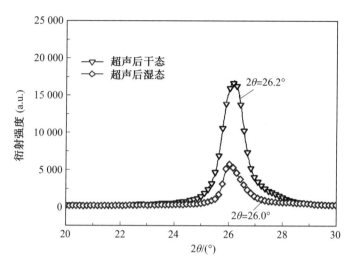

图 3.2　超声作用下制备的 H_2SO_4-GIC 产物干燥前后的 XRD 谱图

强度,特别是湿态时,产物在溶剂环境中表现出较低的衍射峰位置,衍射峰强度大幅度下降,衍射峰的半峰宽增加;而干燥后 H_2SO_4-GIC 产物的衍射峰位置与无超声作用制备的产物接近,但衍射峰强度仍显著低于无超声作用的产物。可见,超声作用有效地促进了片层的剥离,其结果支持了溶剂环境中超声作用对插层反应和片层剥离的作用。

　　类似地,超声作用前后所制备的 $HNO_3-H_2SO_4-GIC$ 产物干燥前后的 XRD 谱图如图 3.3 和图 3.4 所示。由图 3.4 可以观察到,超声作用下制备的 $HNO_3-H_2SO_4-GIC$ 在溶剂环境中表现出较低的衍射峰位置,同时,衍射峰的半峰宽增加,衍射峰强度大幅下降;而干燥后 $HNO_3-H_2SO_4-GIC$ 的衍射峰强度增加。其结果同样支持了溶剂环境中超声波对插层反应和片层剥离的作用。超声作用下未剥离的片层在干燥后产生了重构,过量插层剂或溶剂脱出,形成了阶结构相近的石墨层间化合物。

　　采用石墨层间化合物制备方法,在制备过程中引入超声作用,比较了 H_2SO_4-GIC 在浸渍和超声作用下的形貌和结构,如图 3.5 和图 3.6 所示。从图 3.5 能够观察到,只浸渍无超声作用所制备的 H_2SO_4-GIC 产物片层边缘较为平滑,层结构清晰规整;超声作用下制备的 H_2SO_4-GIC 产物层隙结构已经打开,形成片层剥离结构。由此可见,超声波所引发的高温、高压作用使石墨层间化合物产生局部的微体积膨胀,导致部分片层的剥离。反映在结构上可以看出,超声作用导致石墨层间化合物特征衍射峰强度大幅降低,如图 3.6 所示。

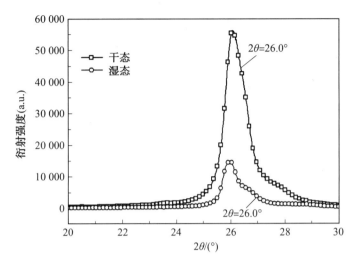

图 3.3 HNO₃ − H₂SO₄ − GIC 产物干燥前后的 XRD 谱图

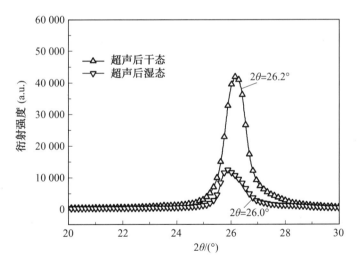

图 3.4 超声作用下制备的 HNO₃ − H₂SO₄ − GIC 产物干燥前后的
XRD 谱图

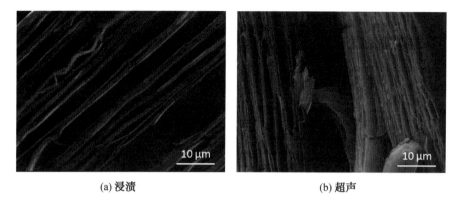

(a) 浸渍　　　　　　　　　　　　(b) 超声

图 3.5　H_2SO_4 溶液中浸渍和超声作用下分别制备的 H_2SO_4-GIC 产物的 SEM 图片

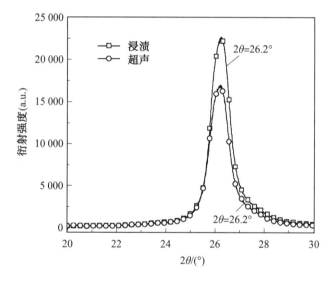

图 3.6　H_2SO_4 溶液中浸渍和超声作用下分别制备的 H_2SO_4-GIC 产物的 XRD 谱图(浸渍和超声均在 H_2SO_4 溶液中 0.5 h)

3.1.2　溶液作用

考虑到插层剂的种类及制备工艺对石墨层间化合物结构和性能的影响较大,在采用分步插层法制备 $HNO_3-H_2SO_4-GIC$ 时[2],在插层反应发生后引入超声波,以实现插层反应和片层剥离的同步进行。研究结果证明了超声作用所发挥的原位氧化剥离作用,如图 3.7 和图 3.8 所示。图 3.7 所示的浸渍和超声作用下制备的两个 $HNO_3-H_2SO_4-GIC$ 产物的 XRD

衍射峰的强度差别较为显著,而衍射角位置相近,在一定程度上说明低阶石墨层间化合物在超声作用下的剥离。从图3.8可以观察到完全剥离的石墨烯片层覆盖在石墨层间化合物的表面,剥离的片层在很大程度上保留了鳞片石墨的平面尺寸。

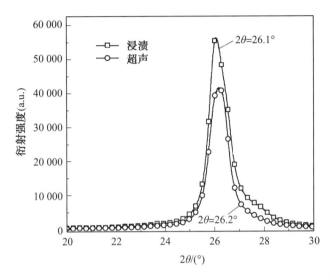

图 3.7　HNO$_3$ 溶液中浸渍和超声作用下分别制备的 HNO$_3$ − H$_2$SO$_4$ − GIC 产物的 XRD 谱图(浸渍和超声均在 HNO$_3$ 溶液中 0.5 h)

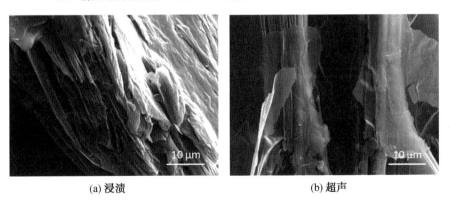

(a) 浸渍　　　　　　　　　　　　　(b) 超声

图 3.8　HNO$_3$ 溶液中浸渍和超声作用下分别制备的 HNO$_3$ − H$_2$SO$_4$ − GIC 产物的 SEM 图片

　　在氧化插层的基础上进行超声处理可以有效地使石墨的层结构发生剥离,实现石墨烯薄片的原位制备。对于低阶结构的石墨层间化合物,超声波在石墨层间产生的空化效应能够克服片层间的范德瓦耳斯力,实现石墨片层的剥离。因此,与浸渍在溶液中获得的石墨层间化合物相比,经超声处理后的石墨层间化合物的衍射峰仅出现在较高的衍射角度。

类似地,在用分步插层法制备三元石墨层间化合物时,在插层反应中,采用不同的反应物溶液,包括乳酸溶液、十二烷基硫酸钠(sodium dodecyl sulfate,SDS)溶液及磷酸三乙酯(triethyl phosphate,TEP)溶液,比较了浸渍与超声作用下产物的结构和形貌,如图3.9～3.14所示。由以上结果可以看出,超声波有助于在分步插层反应中片层的剥离,因为超声空化作用所引发的高温高压效应也会导致石墨层间化合物一定程度的体积膨胀。片层的剥离和产物的结构膨胀与反应溶液作用有关,相较而言,如图3.8所示,在强酸性和氧化性的 HNO_3 溶液中剥离效果较好。

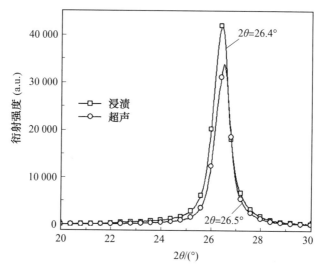

图3.9　乳酸溶液中浸渍和超声作用下分别制备的 GIC 的 XRD 谱图

(浸渍和超声均在乳酸溶液中0.5 h)

将超声作用与氧化插层反应相结合,可获得原位氧化剥离技术,实现天然鳞片石墨的快速剥离,从而制备出石墨烯。在此过程中,因石墨层间化合物的阶结构与插层剂和反应工艺的关联较大,适当地选择插层剂种类以及在反应过程中引入超声波,对于片层剥离效果均有重要的影响。显然,较低阶结构的石墨层间化合物更易获得少层结构的石墨烯,而超声空化作用所引发的高温高压效应也会导致石墨层间化合物一定程度的体积膨胀,两种因素均对天然石墨的原位氧化剥离制备石墨烯薄片发挥了积极作用。

(a) 浸渍　　　　　　　　　　(b) 超声

图 3.10　乳酸溶液中浸渍和超声作用下分别制备的 GIC 的 SEM 图片

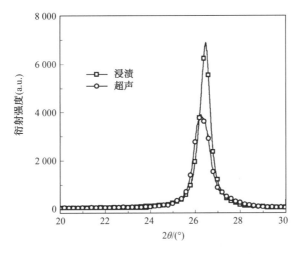

图 3.11　SDS 溶液中浸渍和超声作用下分别制备的 GIC 的
XRD 谱图（浸渍和超声均在 SDS 溶液中 1.0 h）

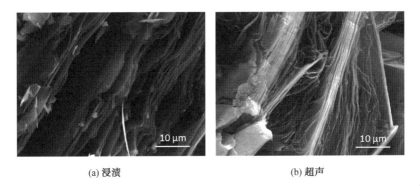

(a) 浸渍　　　　　　　　　　(b) 超声

图 3.12　SDS 溶液中浸渍和超声作用下分别制备的 GIC 的 SEM 图片

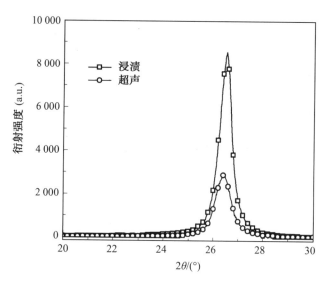

图 3.13　TEP 溶液中浸渍和超声作用下分别制备的 GIC 的 XRD 谱图
（浸渍和超声均在 TEP 溶液中 1.0 h）

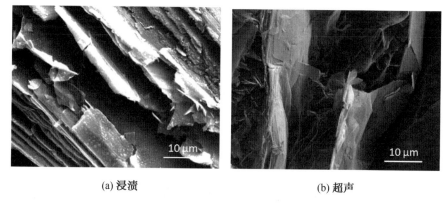

(a) 浸渍　　　　　　　　　　　　　(b) 超声

图 3.14　TEP 溶液中浸渍和超声作用下分别制备的 GIC 的 SEM 图片

3.1.3　石墨烯薄片的结构

以溶剂为传播介质的超声波会使体系中的介质产生机械振动，因此溶剂不仅为石墨烯的制备提供场所，而且还起到了促进石墨插层、片层剥离和分散的作用。在制备获得石墨层间化合物的基础上，以十二烷基硫酸钠为表面活性剂构成溶液体系，对石墨层间化合物进行超声处理，比较了超声时间对石墨层间化合物结构的影响，如图 3.15 所示。由图 3.15 可见，超声作用时间的增加有利于片层的剥离，低阶结构在超声波作用下能够更充分地剥离,经较长时间超声处理后的石墨层间化合物的衍射峰仅出现在了较高衍射角处。

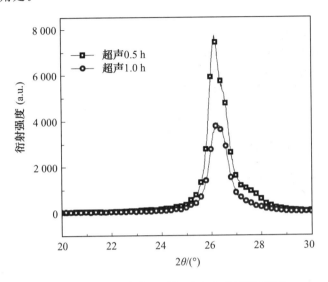

图 3.15　不同超声作用时间下 GIC 的 XRD 谱图

对超声处理后的混合溶液进行离心分离,使剥离后的片层从石墨层间化合物中分离出来,得到剥离后的产物,其形貌如图 3.16 所示。经不同超声作用时间获得的剥离产物展现出相近的形貌,具有石墨烯的结构特性,如片层较薄,呈现出大量的褶皱。由于石墨层间化合物的结构主要受插层剂的种类和插层反应条件的影响,对于相同的石墨层间化合物,经超声剥离获得的石墨烯薄片主要来自于低阶结构片层的剥离,因此,所获得的石墨烯薄片具有相近的结构。

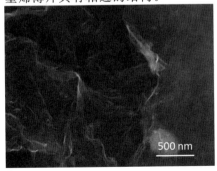

(a) 超声 0.5 h　　　　　　　　　　(b) 超声 1.0 h

图 3.16　原位氧化剥离获得的剥离片层的形貌

在氧化插层制备石墨层间化合物的过程中引入超声作用原位制备的石墨烯薄片的形貌结构如图 3.17～3.19 所示。采用原位氧化剥离方法制备的石墨烯薄片呈现出少层石墨烯结构,片层厚度为 1～3 nm,片层表面出现了大量的褶皱,并具有较大的平面尺寸。

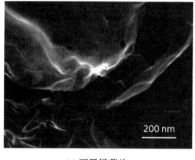

(a) 石墨烯薄片　　　　　　　　(b) SDS 改性的石墨烯薄片

图 3.17　原位氧化剥离获得的石墨烯薄片的 SEM 图片

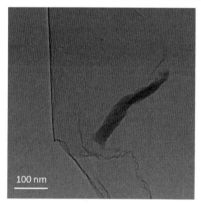

图 3.18　原位氧化剥离获得的石墨烯薄片的 TEM 图片

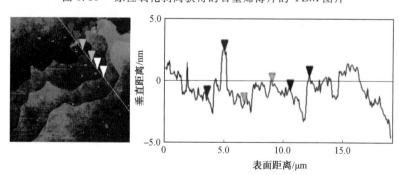

图 3.19　原位氧化剥离获得的石墨烯薄片的 AFM 图片

利用超声作用在制备石墨层间化合物过程中可同步获得石墨烯薄片。超声作用对石墨片层的剥离程度取决于石墨层间化合物的插层程度或阶结构,较低阶结构的石墨层间化合物由于插层剂与石墨片层的作用充分较好地克服了石墨片层之间的相互作用,有利于片层的剥离而制备出高质量的石墨烯薄片。超声剥离法制备石墨烯的方法简便,易于操作,剥离过程中氧化反应可控,制备的石墨烯结构较为完整,可以用于石墨烯薄片的批量制备。

3.2 膨胀石墨的机械剥离

3.2.1 膨胀石墨

石墨经氧化插层形成石墨层间化合物,在高温作用下,层间插入物受热分解而产生的气体导致其层间距离的显著扩大,形成膨胀石墨。膨胀石墨又称为蠕虫石墨,呈现出疏松的多孔结构,孔壁相连,孔壁由多层石墨烯薄片构建而成,如图 3.20 所示。尽管膨胀石墨蠕虫片层的结构具有石墨烯的特征,但由于层结构被束缚,仍需要进行进一步的剥离和分散以获得石墨烯。

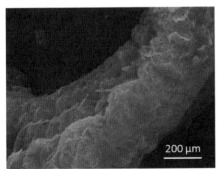 

(a) 放大145倍   (b) 放大5 000倍

图 3.20   膨胀石墨的 SEM 图片

采用不同方法将膨胀石墨(expanded graphite,EDG)进行改性处理,而后将其分散在聚烯烃弹性体(polyolefin elastomer,POE)中,以观察其分散状态。膨胀石墨的改性处理如图 3.21 所示[3]。采用以下 3 种方法制备 3 种石墨。① 超声方法:取一定量膨胀石墨浸入乙醇和水的混合溶液(体积比为 1∶1)中,超声处理 30 min,得到超声处理的膨胀石墨(U—

EDG)。② 酸化法:取一定量的膨胀石墨,浸入浓硫酸、浓硝酸的混合溶液(体积比为 3∶1)中,处理 30 min,水洗至中性,得到酸化膨胀石墨(A－EDG)。③ 表面改性法:取一定量的 A－EDG,将其浸入十二烷基硫酸钠(SDS)溶液中,处理 30 min,得到表面改性的膨胀石墨(S－EDG)。分别将制得的 EDG、U－EDG、A－EDG、S－EDG 按质量分数为 5％的用量加入 POE 中,制得复合材料。

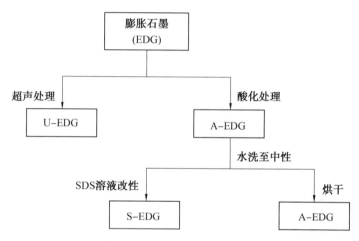

图 3.21　膨胀石墨的改性处理

在复合材料中,如图 3.22 所示,EDG 在 POE 中呈现不均匀分散,EDG 中的石墨片层彼此相连,团聚十分严重,并且在图片中发现了蠕虫结构,可观察到疏松多孔的 EDG 结构。由图 3.22 可见,直接将 EDG 与 POE 熔融混合,无法实现对膨胀后的石墨片层剥离分散。对 EDG 进行不同的改性处理,得到不同改性处理后 EDG 在 POE 中的分散情况[4]。比较不同改性EDG 复合材料的形貌可知,经酸化处理后,A－EDG 在 POE 中分散得较为均匀,但其团聚体的体积较大,其中包含大量未能分散开的石墨片层;经表面处理后,S－EDG 的分散情况得到进一步改善,该方法不仅促进了较薄石墨的剥离,而且有利于其在 POE 中的分散;经过超声处理的 U－EDG 在POE 中的分散性得到了显著的改善,尽管仍有少量片层团聚存在,但 EDG 的多孔结构基本消失,在复合材料中观察到大量剥离分散的多层石墨片层。

由此可见,不同改性处理方法对膨胀石墨在 POE 中的分散程度有显著影响。酸化处理是改性石墨片层表面的基本方法之一,这一方法在改性碳纳米管时也经常使用,但采用这一方法未能剥离开膨胀石墨孔结构的连

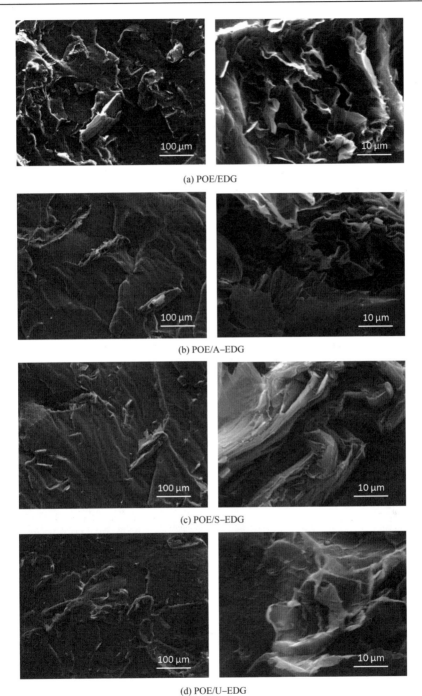

(a) POE/EDG

(b) POE/A-EDG

(c) POE/S-EDG

(d) POE/U-EDG

图 3.22 改性膨胀石墨 POE 复合材料的 SEM 图片

接,A－EDG 在 POE 中表现出团聚体的分散,出现了体积较大的团聚体,
其中可观察到不同片层厚度的膨胀石墨孔结构。酸化基础上的表面活性
剂的改性处理是改善石墨与 POE 相容性的重要方法,S－EDG 在 POE 中
分散性的改善即证明了这一方法的有效性,各种不同厚度大小的片状石墨
均匀分散在 POE 中,说明其相容性得到了有效改善,但较大的片层石墨呈
现出紧密的层状结构,说明该方法在片层剥离中作用有限。超声波能够有
效地将相连孔结构中的较薄石墨片层剥离开来,使聚集的疏松多孔结构转
变为片状的多层石墨结构,但 U－EDG 与 POE 的相容性问题导致其不能
在 POE 中均匀地分散,而出现团聚体。

　　由以上结果可见,酸化、超声波、表面活性剂对于实现膨胀石墨片层剥
离的作用各异。在此基础上,综合上述 3 种作用,以膨胀石墨为原料,采用
图 3.23 所示的工艺,能够实现片层的剥离,形成纳米石墨微片,其形貌如
图 3.24 所示。

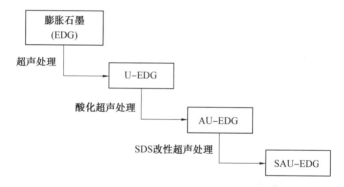

图 3.23　膨胀石墨的剥离改性

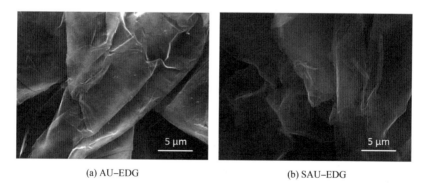

(a) AU-EDG　　　　　　　　　　　(b) SAU-EDG

图 3.24　剥离改性膨胀石墨的形貌

3.2.2　膨胀石墨的形貌

对于阶结构不同的石墨层间化合物,其插层剂在石墨片层间形成不同的分布。对于一阶石墨层间化合物,经高温体积膨胀后,其蠕虫状膨胀石墨的孔壁在理论上具有单层石墨烯的结构,这为通过膨胀石墨获得单层石墨烯创造了条件。同时,由于氧化法制备石墨层间化合物具有局限性,所获得的石墨层间化合物往往是多阶结构的复合物,因而经高温膨胀后,存在多种结构的石墨烯薄片。加之在剥离和分散过程中的堆叠和团聚,增加了获得少层石墨烯的难度。尽管采用超声、酸化和表面改性的方法能够在一定程度上实现膨胀石墨的片层剥离,但若期望以膨胀石墨为原料,采用机械剥离法制备具有一定尺度和结构的石墨烯薄片,则仍需调控膨胀石墨的结构。

为获得较低阶结构的石墨层间化合物,分别采用直接(one-step)法和分步(two-step)法制备三元石墨层间化合物,图 3.25 给出了采用两种方法分别制备的 $HNO_3-H_2SO_4-GIC$ 的 XRD 谱图。由图 3.25 可以看出,分步法制备的石墨层间化合物的衍射峰出现在较低的衍射角位置,由于分步法有助于实现未插层石墨层间的插层反应,因此该方法能够用来制备较低阶结构的石墨层间化合物。

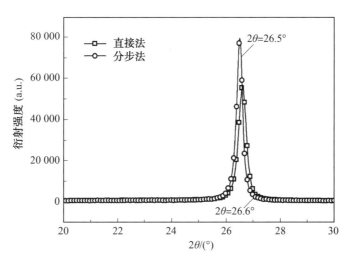

图 3.25　采用两种方法分别制备的 $HNO_3-H_2SO_4-GIC$ 的 XRD 谱图

分别采用直接法和分步法制备三元石墨层间化合物,如图 3.26 所示,比较了 $NaNO_3-H_2SO_4-GIC$ 与 H_2SO_4-GIC 的 XRD 谱图。由图 3.26

可以看出,直接法制备的 $NaNO_3 - H_2SO_4 - GIC$ 与 $H_2SO_4 - GIC$ 的衍射峰位置相同,表明二者具有相同的阶结构;而分步法制备的 $NaNO_3 - H_2SO_4 - GIC$ 的衍射峰出现在较低的衍射角位置,表明形成的是较低阶的结构。由于采用 HNO_3 和 H_2SO_4 与 $NaNO_3$ 和 H_2SO_4 制备三元石墨层间化合物在原理上均为酸根基团的插层,因此,相同方法所制备的石墨层间化合物的衍射角位置相同,但由于两种体系对石墨结构的作用不同,因此产物的衍射峰强度差异显著。

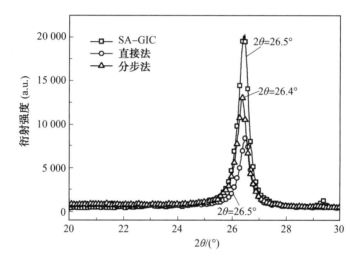

图 3.26　采用直接法和分步法制备的 $NaNO_3 - H_2SO_4 - GIC$ 与 $H_2SO_4 - GIC$ 的 XRD 谱图

分别采用直接法制备二元石墨层间化合物和分步法制备三元石墨层间化合物,图 3.27 给出了 4 种石墨层间化合物膨胀后形成孔结构的 SEM 图片。4 种石墨层间化合物分别是: $H_2SO_4 - GIC$、$HNO_3 - H_2SO_4 - GIC$、$NaNO_3 - H_2SO_4 - GIC$ 和 $Fe(NO_3)_3 - H_2SO_4 - GIC$。由图 3.27 可见,不同插层剂制备得到的石墨层间化合物的膨胀孔结构各有不同。其中,$H_2SO_4 - GIC$ 的膨胀石墨孔结构不均匀,既存在膨胀后贯通的孔结构,也存在未充分打开的孔结构。比较而言,$NaNO_3 - H_2SO_4 - GIC$ 表现出膨胀后充分发展的孔结构,具有良好剥离的孔壁碳层,显然,这种结构更有利于获得较少层的石墨烯。

采用 3 种不同的方法(球磨、球磨－超声和超声－球磨),研究机械剥离方法对片层剥离效果的影响,如图 3.28 所示。由图 3.28 可以看出,球磨－超声相结合的机械剥离方法更有利于石墨片层的剥离。在球磨过

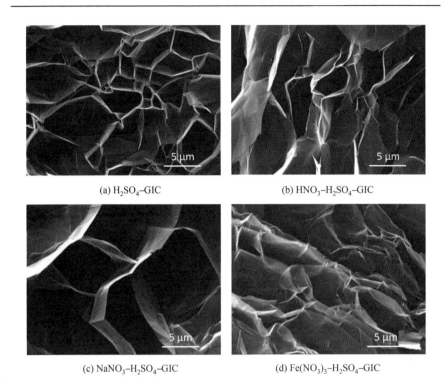

(a) H_2SO_4–GIC (b) HNO_3–H_2SO_4–GIC

(c) $NaNO_3$–H_2SO_4–GIC (d) $Fe(NO_3)_3$–H_2SO_4–GIC

图 3.27 H_2SO_4 — GIC、HNO_3 — H_2SO_4 — GIC、$NaNO_3$ — H_2SO_4 — GIC 和 $Fe(NO_3)_3$ — H_2SO_4 — GIC 膨胀产物的 SEM 图片

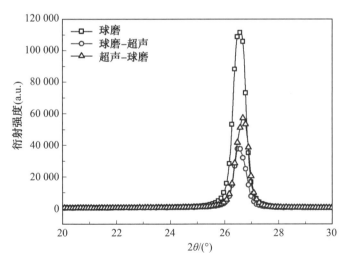

图 3.28 3 种不同方法制备的膨胀石墨剥离产物的 XRD 谱图

程中,引入SDS溶液,比较了分步法产物及其在SDS溶液中的剥离效果,如图3.29所示,可见,表面活性剂的引入有效提高了片层的剥离效果。类似的剥离效果在引入分散剂时也得到体现,如图3.30所示。

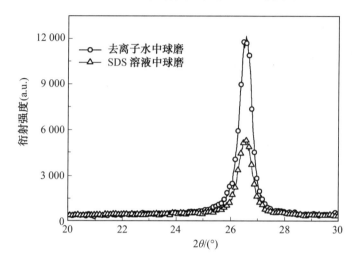

图 3.29　去离子水和 SDS 溶液中剥离产物的 XRD 谱图

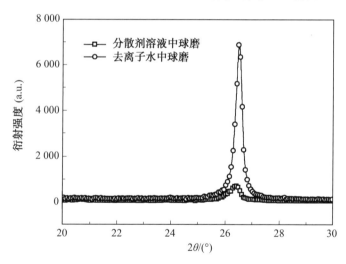

图 3.30　分散剂作用下剥离产物的 XRD 谱图

3.2.3　石墨烯薄片的结构

图3.31是经超声作用由膨胀石墨制备的石墨烯薄片的 SEM 图片。

其制备方法为:将得到的膨胀石墨浸入混合酸液中酸化,水洗至 pH 为 7 左右,加入十六烷基三甲基溴化铵溶液浸泡后进行超声处理。膨胀石墨经酸化处理,在碳层上引入活性基团,这些活性基团可以与表面活性剂发生作用,从而达到改性膨胀石墨碳层的目的。经过改性后的膨胀石墨,在溶液中的分散性得到提高,碳层更易被剥离,加上其表面的孔洞结构,分散液容易进入到孔结构内部,有利于超声波的空化作用将碳层剥离。图 3.31 中堆叠的层状产物就是构成膨胀石墨孔洞的石墨片层,可以看出剥离后的石墨烯薄片尺寸均一。

(a) 放大1 000倍　　　　　　　　　　(b) 放大5 000倍

图 3.31　经超声作用由膨胀石墨制备的石墨烯薄片的 SEM 图片

利用球磨过程中产生的剪切力作用,可以将膨胀石墨的片层剥离。如图 3.32 所示,被剥离出来的石墨烯薄片相互堆叠,碳层几近透明,可清晰地观察到堆叠的片层边缘。可见,在分散液中选用合适的表面活性剂对膨胀石墨碳层进行改性处理,配合适当的剥离手段,如超声处理或球磨处理等方法,可实现对膨胀石墨碳层的剥离,从而制备石墨烯薄片。

以膨胀石墨为原料,采用机械剥离法制备的石墨烯薄片,其结构如图 3.33 ~ 3.36 所示。在获得图 3.33 所示的膨胀石墨形貌结构的基础上,采用机械剥离方法能够得到 3 层石墨烯结构,通过 SEM(图 3.33)和 TEM(图 3.34)观察到样品中存在石墨烯片层的堆叠。尽管采用此方法能够获得少层石墨烯,但产物中仍然存在厚度大于 5 nm 的石墨烯薄片(图 3.35),这也是采用此方法制备石墨烯的主要技术瓶颈。相比于氧化石墨还原所制备的石墨烯,所获得的石墨烯薄片较好地保留了天然石墨片层的结构(图 3.36)。

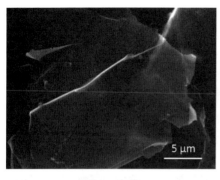 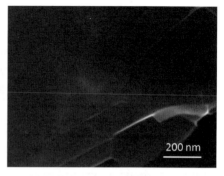

(a) 放大20 000倍　　　　　　　　　　(b) 放大80 000倍

图 3.32　膨胀石墨经球磨法制备的石墨烯薄片的 SEM 图片

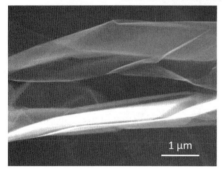 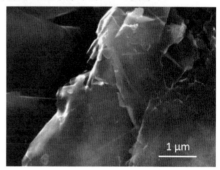

(a) 膨胀石墨　　　　　　　　　(b) 机械剥离获得的石墨烯薄片

图 3.33　膨胀石墨和机械剥离获得的石墨烯薄片的 SEM 图片

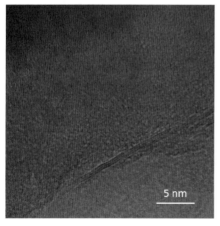 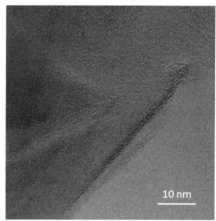

(a) 放大600 000倍　　　　　　　　(b) 放大300 000倍

图 3.34　机械剥离获得的石墨烯薄片的 TEM 图片

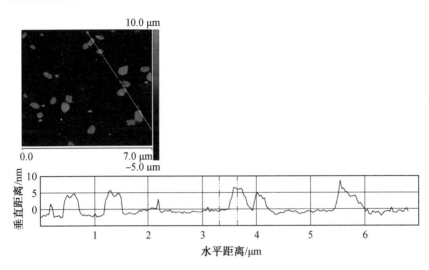

图 3.35 机械剥离获得的石墨烯薄片的 AFM 图片

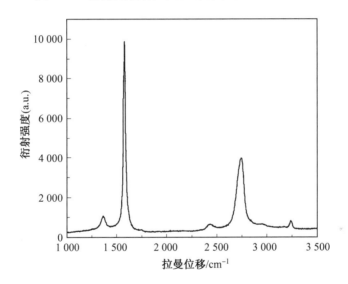

图 3.36 机械剥离膨胀石墨制备的石墨烯薄片的拉曼谱图

2004 年,Geim 等人首次用机械剥离法,成功地从高定向热裂解石墨(highly oriented pyrolytic graphite)上剥离并观测到石墨烯,揭示了石墨烯二维晶体结构的存在。2007 年,Meyer 等人发现单层石墨烯表面有一定高度的褶皱,单层石墨烯表面的褶皱程度明显大于双层石墨烯表面的褶皱程度,且随着石墨烯层数的增加,褶皱程度越来越小。机械剥离法可以制备出高质量的石墨烯,但存在产率低和成本高的不足,难以满足工业化和规模化生产要求。

膨胀石墨作为工业化产品,经过简单的机械剥离工艺,可以获得石墨烯薄片,是一种可行的量产方法[5]。利用石墨的结构特点与反应特性,采用氧化法,选择不同的插层剂,结合反应工艺过程,能够获得具有不同阶结构与膨胀体积性能的石墨层间化合物,进而形成具有一定膨胀形貌结构的膨胀石墨产物,结合机械剥离作用,可获得多级结构的石墨烯薄片。

3.3　石墨烯薄片的阻燃应用

石墨烯薄片(graphene nanoplatelets,GNP)用于阻燃材料需解决的关键技术之一为GNP的分散技术。直接将GNP与聚合物进行熔融混合,往往不利于GNP的分散,而无法获得预期的效果。在制备GNP的基础上,采用GNP和阻燃剂的复配与混合技术,能够较好地将GNP分散于聚合物基体中,使其获得一定的阻燃效果。

3.3.1　无卤阻燃聚乙烯

聚乙烯(polyethylene,PE)是用量最大的通用塑料之一,也是电线电缆领域广泛采用的材料之一。由于燃烧热值大,聚乙烯的阻燃一直是备受关注的问题。采用无机阻燃剂(如 $Mg(OH)_2$、$Al(OH)_3$ 等),能够获得具有一定阻燃效果的无卤阻燃聚乙烯材料,但无机阻燃剂的添加量往往非常大。为获得较好的阻燃效果,利用GNP与无机阻燃剂进行复配,研究了无卤阻燃聚乙烯材料的阻燃性能与燃烧行为[6]。

1. 复合与分散

将所制备的 GNP 与 $Al(OH)_3$(alumina trihyelrate,ATH)通过球磨分散,获得了复合阻燃剂。球磨所提供的机械作用一方面能够使 GNP 与 ATH 良好地分散,同时也有利于 GNP 片层的分离,避免团聚的发生。图 3.37 给出了 GNP/ATH 复合阻燃剂的 SEM 和 TEM 图片。复合阻燃剂中 GNP 的分散效果较好,被分散的 GNP 以近乎透明状覆在 ATH 粒子表面,界面清晰。从 TEM 图片可以看出,GNP 与 ATH 混合均匀,在 ATH 粒子间能观察到 GNP 片层间仍存在一定的堆叠。采用元素面分布进一步分析了 GNP 在复合阻燃剂中的分散状态,如图 3.38 所示,可见 GNP 在复合阻燃剂中分散均匀。

将 GNP/ATH 复合阻燃剂分散在 PE 中,使用 SEM 观察断面形貌,获

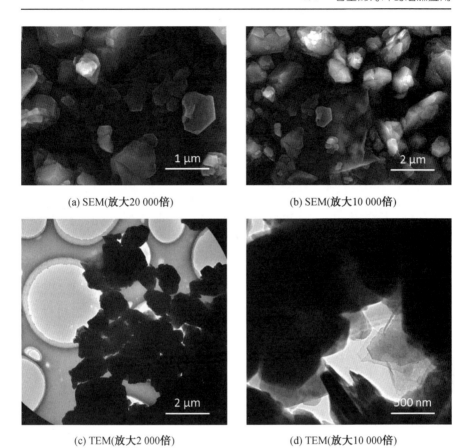

(a) SEM(放大20 000倍)　　　　　　　(b) SEM(放大10 000倍)

(c) TEM(放大2 000倍)　　　　　　　(d) TEM(放大10 000倍)

图 3.37　GNP/ATH 复合阻燃剂的 SEM 和 TEM 图片

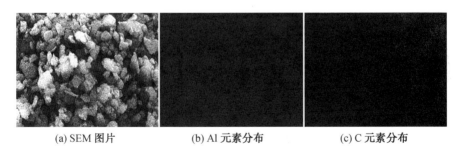

(a) SEM 图片　　　　(b) Al 元素分布　　　　(c) C 元素分布

图 3.38　GNP/ATH 的 EDS 元素面分布

得复合阻燃剂分散情况的信息,如图 3.39 所示。与 PE/ATH 相比,在含有 GNP 的改性体系中可观察到厚度较大的 GNP。在不同的 GNP 用量下,复合材料的形貌结构并未发现显著变化。从图 3.37 的形貌结果判断,片层较薄的 GNP 呈现出较透明的形态,分散在复合材料中很难在 SEM 下被观察到,加之体系中添加了质量分数为 40% 的 ATH,使观察片层结构较薄的 GNP 十分困难。

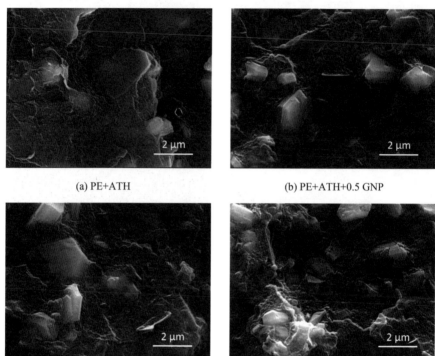

(a) PE+ATH

(b) PE+ATH+0.5 GNP

(c) PE+ATH+1.0 GNP

(d) PE+ATH+1.5 GNP

图 3.39　PE/GNP/ATH 的 SEM 图片

2. 复合材料的氧指数

在体系复合阻燃剂用量相同的情况下,改变 GNP 的用量[①]得到不同复合材料的氧指数,如图 3.40 和图 3.41 所示。添加质量分数为 40% 的 ATH 的 PE 复合材料的氧指数为 22.0%,引入质量分数为 0.2% 的 GNP 后,氧指数增加到 24.0%,阻燃性能显著提高。当 GNP 用量为 0.5% 时,复合材料的氧指数略有下降,达到 23.5%。之后,继续增加 GNP 用量至 1.5% 的过程中,复合材料的氧指数变化不大。对于添加质量分数为 60% 的 ATH 的 PE 复合材料的氧指数为29.0%,引入 0.2% 的 GNP 后,氧指数

---

　①　本书中如无特殊说明均指质量分数。

增加到32.5%,其阻燃性能显著提高。当GNP用量为0.5%时,复合材料的氧指数增加至33.0%。之后,继续增加GNP用量至1.5%的过程中,复合材料的氧指数略有增加,至33.5%。

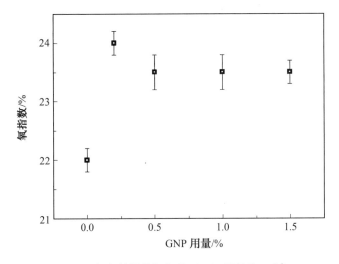

图3.40　复合材料的氧指数(ATH用量为40%)

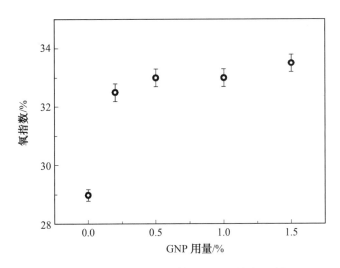

图3.41　复合材料的氧指数(ATH用量为60%)

比较图3.40和图3.41的氧指数变化趋势可以发现,GNP与ATH间存在较为明显的协同阻燃作用,在ATH用量较高时,GNP的协同阻燃作用更为显著。GNP的用量对复合材料的氧指数有一定的影响,两种复合体系均在 GNP 用量为 0.2% 时,氧指数出现了显著的增大,但继续增加 GNP 用量并没有使复合材料的氧指数进一步显著增大。可见,GNP 的分散状态与炭层结构是影响体系阻燃性能的重要因素。为此,对复合材料的燃烧行为与炭层结构进行深入的分析。

3. 质量损失与成炭

图 3.42 比较了 GNP 添加量不同时改性无机阻燃聚乙烯体系燃烧过程中的质量损失曲线。由图 3.42 可以看出,添加 GNP 的改性体系的稳定性增加,质量损失过程延缓。以体系质量损失达到 20% 的时间为例,由于 ATH 的热分解能够在燃烧的表面形成无机炭层,因此,相应质量损失的时间延长,这表明体系的热稳定性增加,炭层作用增强。与 PE+ATH 相比,添加 0.2%GNP(PE + ATH + 0.2GNP) 和 0.5%GNP(PE + ATH + 0.5GNP) 的阻燃体系相应 20% 质量损失的时间延长了 25 s。由图 3.42 可见,GNP 增强了炭层的稳定性及其阻隔作用,从而在燃烧初期提高了体系的稳定性。类似地,PE+ATH+0.2GNP 和 PE+ATH+0.5GNP 在质量损失率为 60% 的时间分别延长了 56 s 和 77 s。由于此时体系中 ATH 的分解已趋于完成,所形成的无机炭层对聚合物分子链的稳定作用影响了体系的质量损失,因此,阻燃体系相应时间越长表明炭层的稳定性与阻隔作用也越好。另外,相应于燃烧后期达到质量平衡的时间,与 PE + ATH 相比,PE+ATH+0.2GNP 相应的时间延长了 52 s,PE+ATH+0.5GNP 相

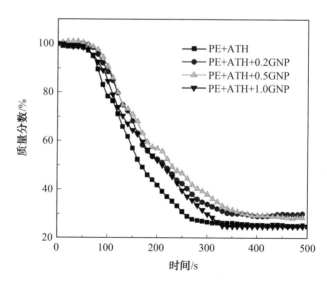

图 3.42　PE/GNP/ATH 复合材料的质量损失曲线

应的时间延长了 82 s。可见，GNP 显著抑制了燃烧过程中的质量损失，这对于抑制热释放和提高阻燃性能是十分有益的。值得注意的是，GNP 的作用并未随其用量的进一步提高而显著。

从燃烧后期的残余量可以看出，与 PE＋ATH 相比，在 GNP 用量为 0.2％ 和 0.5％ 时，体系的残余量增加了 3％，表明 GNP 具有促进凝缩相成炭的作用。燃烧测试后得到 4 种样品残炭，其外观如图 3.43 所示。随着 GNP 用量的增加，样品表面表现出显著的成炭现象，炭层的致密度和连续性有所改善。对于 PE＋ATH 体系，在表层观察到大量的白色物质，炭层表面起伏较大。而在 GNP 改性体系中，PE＋ATH＋0.2GNP 和 PE＋ATH＋0.5GNP 的炭层表面的起伏较小，炭层连续性增加，成炭效果显著，而在 PE＋ATH＋1.0GNP 体系的炭层表面出现了较深的褶皱。可见，GNP 对凝缩相的成炭作用与 GNP 的用量有关，燃烧过程的炭层质量及其形貌结构对复合体系的燃烧行为有重要的影响。

(a) PE+ATH　　(b) PE+ATH+0.2GNP　　(c) PE+ATH+0.5GNP　　(d) PE+ATH+1.0GNP

图 3.43　PE/GNP/ATH 复合材料的燃烧残炭外观照片

进一步对炭层表面结构进行 SEM 分析，如图 3.44 所示。PE＋ATH 的炭层表面主要以白色颗粒为主，这种白色颗粒为 ATH 受热分解所产生的 Al_2O_3 颗粒，Al_2O_3 分布均匀，形成连续的结构。在 PE＋ATH＋0.2GNP 的炭层表面观察到少量白色颗粒的同时，发现大量较薄呈连续絮状分布的 GNP 层结构，表明在燃烧过程中，形成了以 GNP 为主的含有 Al_2O_3 的无机炭层。在 PE＋ATH＋0.5GNP 炭层表面形成了连续的 GNP 层结构，在 GNP 炭层之下可观察到大量的 Al_2O_3 颗粒。在 PE＋ATH＋1.0GNP 的炭层表面则出现了大量褶皱、起伏较大的炭层结构，同时可发现较多的缝隙结构。

对 PE＋ATH＋0.5GNP 的炭层表面进行深入分析，如图 3.45 所示。PE＋ATH＋0.5GNP 炭层结构的表面炭层和内部炭层具有完全不同的结构。炭层的表面由大量絮状的炭组成，以 GNP 为主，可见 GNP 的片层较薄，剥离效果较好，并在燃烧过程中在表层形成了连续的 GNP 炭层。炭层的内部以 Al_2O_3 颗粒为主，未发现明显的 GNP 片层存在，可见在燃烧过程

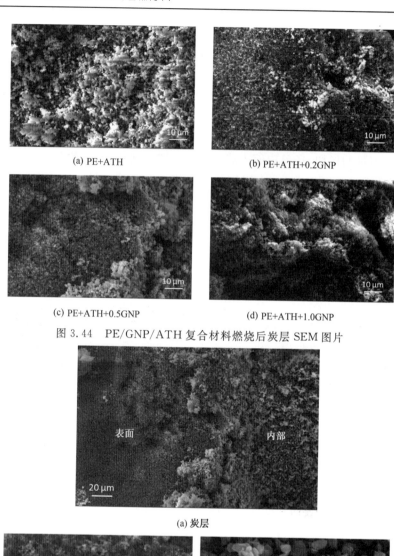

(a) PE+ATH

(b) PE+ATH+0.2GNP

(c) PE+ATH+0.5GNP

(d) PE+ATH+1.0GNP

图 3.44　PE/GNP/ATH 复合材料燃烧后炭层 SEM 图片

表面　　　内部

(a) 炭层

(b) 炭层表面

(c) 炭层内部

图 3.45　PE＋ATH＋0.5GNP 复合材料燃烧后炭层、炭层表面和炭层内部的 SEM 图片

中,GNP优先富集在燃烧表面,形成了保护层,有效抑制了燃烧过程中的质量损失,增强了炭层的稳定性与阻隔作用。

由以上结果可见,在GNP改性无机阻燃PE体系的燃烧过程中,形成了GNP覆盖的无机炭层,由于炭层的结构差异影响了燃烧过程的质量损失过程,在GNP含量较少时(0.2%和0.5%),形成了连续性和致密性较好的炭层,炭层具有良好的阻隔作用而延缓了质量损失;但在GNP用量为1.0%时,因为炭层出现了明显的褶皱,其阻隔性能下降,其体系的质量损失相对增加。

连续、致密的GNP炭层能够降低燃烧中的质量损失,有利于在凝缩相固定更多的碳,燃烧结束时,与PE + ATH相比,含有0.2%GNP和0.5%GNP的无机阻燃PE体系的质量损失分别下降了5%和4%,可见,GNP改性无机阻燃体系能够促进凝缩相的成炭作用,增强炭层抑制质量损失的效果,而含有1.0%GNP的无机阻燃PE体系燃烧过程的质量损失与PE+ATH体系相同,表明在GNP含量较高的体系,炭层的作用效果发生了改变,GNP对于凝缩相成炭的作用及炭层的阻隔效果与GNP的用量有关。

SEM结果已证实了燃烧表面GNP连续炭层的形成及其结构,GNP炭层的作用除了与其形貌结构有关,还与GNP的物理性质相关,作为具有良好导热性能的材料,在考虑GNP炭层的阻隔性能时,还需关注GNP炭层对热传导的作用,随着GNP用量的增加,对体系成炭过程产生了两种主要的作用:一是增加了体系的黏度,不利于GNP从体系内部迁移到燃烧表层形成炭层;二是影响了燃烧中的热传导过程,GNP本身具有较好的导热性能,其用量的增加可能导致炭层对热的阻隔性降低,增加了传递到体系内部的热量,从而导致了燃烧过程中质量损失的增加。

4. 燃烧热释放

图3.46给出了GNP改性无机阻燃PE体系在燃烧过程中热释放速率(heat release rate,HRR)随时间变化的曲线,由图3.46可以看出,GNP改性体系具有较低的HRR峰值,与PE + ATH相比,改性体系的HRR峰值下降了约15%,同时材料燃烧时间显著增加。随着GNP用量的增加,体系HRR峰值的变化不大,但HRR曲线出现了峰高数值不同的肩峰,可以看出,因GNP用量不同,材料在燃烧过程中形成的炭层对HRR产生了不同的影响。

由PE + ATH的HRR曲线可以看出,HRR峰在190 s出现之后,在244 s出现了一个较弱的肩峰,可见,在ATH分解和PE的降解过程中形成

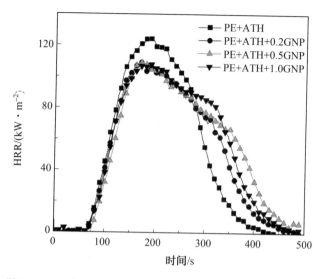

图 3.46　PE/GNP/ATH 复合材料的燃烧热释放速率曲线

了无机炭层,但由于炭层的作用较弱,并没有显著抑制材料的降解与燃烧过程,因此,在 HRR 曲线上肩峰并不明显。在 PE+ATH+0.2GNP 体系燃烧过程中,HRR 峰出现在 170 s,之后在 308 s 时出现了显著的肩峰,HRR 峰出现较早以及其较低的峰值表明体系燃烧中很快形成了炭层,炭层的阻隔作用效果较 PE+ATH 体系好,因此能够有效抑制材料的降解与燃烧过程,延迟了热释放。PE+ATH+0.5GNP 体系的 HRR 峰的位置及强度与 PE+ATH+0.2GNP 体系相近,但其肩峰出现在 347 s,表明该体系的炭层作用更优于 PE+ATH+0.2GNP 体系的炭层作用。对于 PE+ATH+1.0GNP 体系,HRR 峰的位置出现在 185 s,而肩峰位置出现在 303 s,可见其炭层的效果与其他两个改性体系相比较弱。若以 HRR 峰与肩峰出现时间的绝对值大小作为衡量炭层作用效果的依据,可以看出 4 个体系炭层作用效果的强弱次序依次是:PE+ATH+0.5GNP ＞ PE+ATH+0.2GNP ＞ PE+ATH+1.0GNP ＞ PE+ATH,相应时间差值依次为:177 s、138 s、118 s 和 54 s。

此外,从肩峰 HRR 数值变化的大小也可反映出炭层对热传递的抑制作用。PE+ATH、PE+ATH+0.2GNP、PE+ATH+0.5GNP 和 PE+ATH+1.0GNP 这 4 个体系的肩峰 HRR 值分别为 107 kW/m²、74 kW/m²、67 kW/m² 和 85 kW/m²,与 PE+ATH 相比,后三者的肩峰 HRR 值分别下降了 31%、37% 和 21%,由此可见,4 种材料在燃烧中形成的炭层对热传递的抑制作用依次为:PE+ATH+0.5GNP>PE+ATH+0.2GNP>PE+ATH+1.0GNP>PE+ATH,这与从肩峰出现的时间判断的结果是一致的。

另外,炭层的作用还在于其对质量损失过程的抑制,从图 3.42 所示的材料质量损失曲线可以看出,4 个体系在 200 s 后达到相同质量损失所需的时间依次是:PE + ATH + 0.5GNP > PE + ATH + 0.2GNP > PE + ATH +1.0GNP > PE + ATH,可见炭层对于抑制质量损失的作用。

图 3.47 给出了 GNP 改性体系在燃烧过程中总热释放量(total heat release,THR)随时间变化的曲线。可见,GNP 改性体系的 THR 曲线出现了右移,表明 GNP 抑制了材料燃烧过程中的热释放量,但在燃烧后期(300 s 之后)可以观察到改性体系的 THR 已逐渐高于 PE + ATH 体系的 THR,其中 GNP 用量为 0.5% 和 1.0% 的改性体系的 THR 比 PE + ATH 体系的 THR 增加了约 9%。

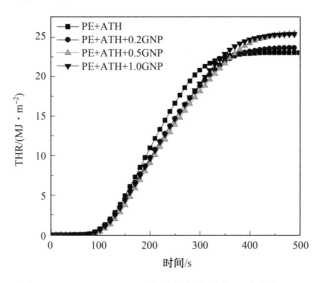

图 3.47 PE/GNP/ATH 复合材料的总热释放曲线

材料在燃烧过程中不断进行着复杂的氧化与降解过程,GNP 在无氧的环境下具有较高的稳定性,但在空气气氛中,GNP 在 600 ℃ 以上即可能发生氧化反应而燃烧,通常这一反应为放热反应,导致材料温度继续上升,进一步引发降解和燃烧,维持燃烧过程至结束。另一方面,PE 的降解过程也是一个放热反应,也会使体系的温度进一步升高。在燃烧过程中,材料因外界热源和自身降解放热导致温度不断升高,释放热量增大。尽管

GNP 形成的炭层能够抑制凝缩相和气相之间的热传递,但在燃烧中 GNP 容易氧化燃烧而放热,因此,GNP 改性体系表现出了 THR 的增加。

此外,由图 3.47 还可以观察到,PE＋ATH＋0.2GNP 体系的 THR 与 PE＋ATH 体系的 THR 相近,而 PE＋ATH＋0.5GNP 体系的 THR 与 PE＋ATH＋1.0GNP 体系的 THR 数值相近,在 GNP 用量从 0.2％ 增加到 0.5％ 的过程中,改性体系的 THR 出现了显著的变化,这与燃烧表面 GNP 炭层的连续结构有关,从 GNP 炭层的形成过程可知,在 GNP 用量从 0.2％ 增加到 0.5％ 的过程中,GNP 炭层的连续性增加,从炭层可观察到 Al_2O_3 颗粒到 GNP 的连续结构,炭层的组成和结构发生了显著变化,继续增加 GNP 的用量至 1.0％ 时,炭层表面仍以 GNP 为主。

图 3.48 比较了体系燃烧过程中质量损失与 THR 的关系,由图 3.48 可以看出,该体系燃烧过程的质量损失与 THR 并不存在显著的线性关系。其主要原因在于 GNP 的氧化分解与燃烧过程影响了体系的热释放过程,同时,炭层的作用以及 GNP 对凝缩相成炭的促进作用,使改性体系的燃烧与热释放过程较为复杂,GNP 连续炭层的导热性能也可能影响到炭层整体的隔热和隔质作用,因此,非线性关系的存在也在一定程度上反映了 GNP 作用机理的复杂性。

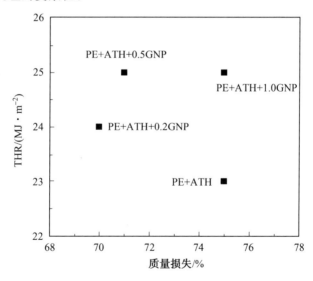

图 3.48 PE/ATH/GNP 复合材料的 THR 与质量损失

由以上结果可知,THR 曲线的变化过程与炭层的形成及其结构有关,GNP 炭层的形成有利于抑制燃烧过程的热释放,因此,与 PE＋ATH 相比,改性体系的 THR 曲线出现右移。此外,改性体系的燃烧过程在炭层形成前 THR 曲线的变化相似,而在炭层形成后 THR 曲线变化得较为显著。GNP 用量差异导致炭层的连续性不同,对燃烧中热传递的作用及其表面氧化的影响也不同,改性 GNP 体系的 THR 均有所增加,在实验范围内,THR 在一定程度上反映了 GNP 炭层的连续性。

表 3.1 列出了 GNP 改性无机阻燃 PE 体系燃烧过程中与热释放相关的参数的数值及其变化情况。由表 3.1 可见,与未改性体系相比,GNP 改性体系具有较低的 HRR,但 THR 因 GNP 的引入而增加。根据 HRR 和THR 随 GNP 用量的变化程度,可以看出以下现象:① 增加 GNP 的用量使THR 出现了一定程度的增加;②HRR 峰值随 GNP 用量的增加而无明显变化;③HRR 均值随 GNP 用量的增加而有所上升。

表 3.1　GNP 改性无机阻燃 PE 体系燃烧过程中与热释放相关的参数

样品	PE＋ATH	PE＋ATH＋0.2GNP	PE＋ATH＋0.5GNP	PE＋ATH＋1.0GNP
THR/(MJ・m^{-2})	23	24	25	25
HRR 峰值 /(kW・m^{-2})	124	109	109	109
HRR 均值 /(kW・m^{-2})	50	53	58	58
EHC 峰值 /(MJ・kg^{-1})	76.6	76.4	79.5	75.8
EHC 均值 /(MJ・kg^{-1})	32.9	33.5	33.0	33.2

根据成炭过程的研究结果可知,PE＋ATH 的炭层主要以 ATH 分解所产生的 Al_2O_3 为主,引入 GNP 改性之后,GNP 可在炭层表面形成 GNP炭层,GNP 炭层的连续程度随 GNP 用量的增加而增加,在 GNP 用量为0.5％ 时,已形成连续的 GNP 炭层,继续增加 GNP 用量,尽管炭层表面仍以 GNP 连续结构为主,但出现了较多的褶皱。因此,影响体系 HRR 和THR 的主要因素在于 GNP 对炭层的作用。

4 种样品的有效燃烧热(effective heat of combustion,EHC)的峰值和均值较为接近,与 PE＋ATH 体系相比,3 种 GNP 改性的无机阻燃体系的 EHC 峰值变化率和平均值变化率均在 ±5％ 以内,说明 GNP 并未显著改变阻燃体系气相的燃烧方式,即其气相阻燃作用较弱,GNP 的作用主要在于凝缩相的阻燃作用。从质量损失参数可以看出,改性体系在 GNP 用量较少(0.2％ 和 0.5％)时,GNP 促进了体系燃烧过程的成炭,但随着GNP 用量的增加,GNP 促进成炭的效果下降,在 GNP 用量为 1.0％ 时,

PE＋ATH＋1.0GNP 已与 PE＋ATH 体系具有相同的质量损失。由此可见,GNP 改性体系 HRR 的下降与燃烧中质量损失的变化规律也存在非线性的关系。

图 3.49 给出了 4 个体系燃烧过程中的 HRR 与质量损失速率(mass loss rate,MLR)。由图 3.49 可见,HRR 与 MLR 之间没有明显的线性关系,而 GNP 用量的影响也较为复杂,尽管改性体系 EHC 变化不大,体系的气相燃烧机理未被影响,但凝缩相的作用因 GNP 的引入而变得较为复杂。

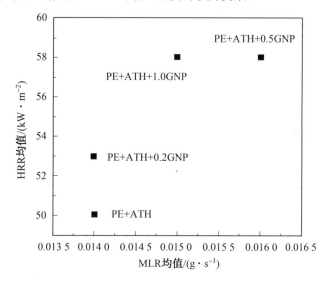

图 3.49   PE/ATH/GNP 复合材料燃烧的平均 HRR 与平均 MLR

综上所述,从燃烧过程的热释放相关参数及其变化情况可以看出,GNP 用量对其改性无机阻燃体系的热释放参数影响显著,但其规律较为复杂,主要归因于:①GNP 的导热性;②GNP 在燃烧过程中的氧化分解;③GNP 炭层的连续性;④GNP 凝缩相的作用,涉及对黏度的影响以及对成炭的促进作用。

5. 燃烧烟释放

图 3.50 给出了 4 种样品在燃烧过程中烟生成速率(smoke production rate,SPR)随时间变化的曲线。与其相应的热释放过程相比可知,4 种材料的烟释放过程发生了显著变化。对于 PE＋ATH 体系,烟生成过程受以下因素影响:ATH 的分解与少量 PE 的降解、PE 的降解与大量气相产物的生成、炭层残余物的降解。因 ATH 分解主要产生水和 Al_2O_3,因此体系燃烧初期烟生成速率较低;而后大量气相可燃性小分子的燃烧将导致烟生成

速率的增加,在燃烧后期,烟生成速率主要是由残余物产生的少量小分子燃烧以及炭层的降解所致。与PE+ATH体系相比,GNP改性体系的烟生成速率曲线差异较大,体现在:燃烧初期的SPR较低;SPR峰值降低显著;燃烧后期无明显的烟释放。其过程可解释为:GNP促进了燃烧过程中炭层的形成;炭层具有较好的阻隔作用,抑制了不完全燃烧产物的生成;炭层稳定性增强,凝缩相成炭降解产物的分解产物减少。

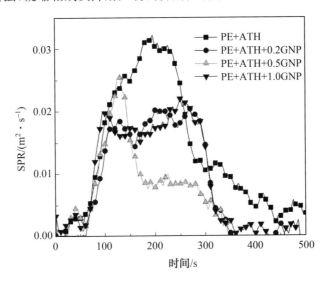

图 3.50　PE/GNP/ATH复合材料的燃烧生烟速率随时间变化的
曲线

对比3种改性体系,GNP用量为0.2%和0.5%的体系具有极为相似的SPR曲线,而GNP用量为0.5%的体系在燃烧初期的SPR与PE+ATH体系的相关值相近,GNP连续炭层形成使得体系SPR值出现了大幅度的下降,显著低于其他两个改性体系的SPR值。由此可见,GNP有效作用的发挥在于其连续炭层的形成能够有效抑制体系的热降解过程,致密连续的GNP炭层更有利于减少燃烧中烟的生成。

图3.51给出了4种样品在燃烧过程中总烟释放量(total smoke release,TSR)随时间变化的曲线。在燃烧过程中,4种样品的TSR曲线因添加GNP而呈现随时间右移,表明GNP延缓了无机阻燃体系的烟释放过程。此外,对于PE+ATH体系,在燃烧后期(时间大于300 s),体系的TSR出现了显著的增加,表明其炭层的稳定性较差,而GNP改性阻燃体系在燃烧后期的TSR基本不随时间而变化,说明GNP改善了炭层的稳定性

和阻隔性。 在燃烧结束后,4 个样品的 TSR 值的次序依次是: PE＋ATH＞PE＋ATH＋1.0GNP＞PE＋ATH＋0.2GNP＞PE＋ATH＋0.5GNP。随着 GNP 用量的增加,改性无机阻燃体系在 GNP 用量为 0.5％ 时,具有较低的 TSR。

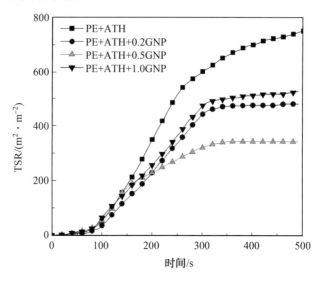

图 3.51 PE/GNP/ATH 复合材料的总烟释放量随时间变化的曲线

表 3.2 给出了 GNP 改性无机阻燃 PE 体系燃烧过程的烟释放参数。以 TSR 为参数,与 PE＋ATH 相比,3 种添加 GNP 改性体系的 TSR 分别变化了 −35％(PE＋ATH＋0.2GNP)、−56％(PE＋ATH＋0.5GNP) 和 −30％(PE＋ATH＋1.0GNP)。产烟总量也表现出相似的变化。由此可见,GNP 能够显著降低 PE＋ATH 燃烧过程中的烟释放量,随着 GNP 用量的增加,PE＋ATH＋0.5GNP 具有较好的抑烟效果,继续增加 GNP 用量,TSR 反而有所增加。与 PE＋ATH 相比,改性体系的比消光面积(specific extinction area,SEA)相关参数表现出显著的降低。对比 3 种改性体系,SEA 峰值相近,但 PE＋ATH＋0.5GNP 具有较低的 SEA 平均值。

表 3.2 GNP 改性无机阻燃 PE 体系燃烧过程的烟释放参数

样品	PE＋ATH	PE＋ATH ＋0.2GNP	PE＋ATH ＋0.5GNP	PE＋ATH ＋1.0GNP
总烟释放量 /(m² · m⁻²)	744	481 (−35％)	329 (−56％)	519 (−30％)

续表3.2

样品	PE+ATH	PE+ATH +0.2GNP	PE+ATH +0.5GNP	PE+ATH +1.0GNP
总生烟量 /m²	6.58	4.25 (−35%)	2.91 (−56%)	4.59 (−30%)
SEA 峰值 /(m² · kg⁻¹)	4 520	4 087 (−10%)	4 172 (−8%)	4 169 (−8%)
SEA 平均值 /(m² · kg⁻¹)	1 068	619 (−42%)	245 (−79%)	651 (−39%)

6. 燃烧气体生成速率

图 3.52 给出了 4 种样品在燃烧过程中一氧化碳生成速率(CO production rate,COP) 随时间变化的曲线。由图 3.52 可见,对于 PE + ATH 体系而言,在燃烧过程中出现了两个 COP 的峰值,事实上在燃烧初期能够观察到肩峰的存在,说明在此阶段已形成了炭层结构,同时,ATH 受热分解所产生的大量水蒸气导致气相氧气浓度降低,引发不完全燃烧而生成了大量的 CO,并随着炭层的作用以及氧气浓度的增加,CO 的生成速率下降,在体系大量降解阶段,产生了较多的气相可燃性产物,再次导致氧气的不充分而生成较多的 CO。

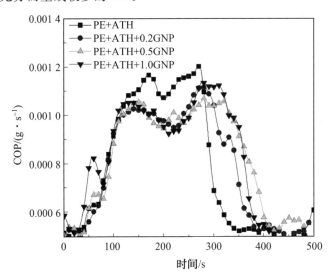

图 3.52 PE/GNP/ATH 复合材料的一氧化碳生成速率随时间变化的曲线

与 PE＋ATH 体系相比,添加 GNP 改性的体系在燃烧初期的 COP 被明显抑制,说明此阶段炭层的形成使凝缩相成炭增加,而有效抑制了气相产物的生成及其不完全燃烧过程;之后,GNP 炭层的存在有效抑制了燃烧后期 COP 的增加,并出现了 COP 峰值的后移。由此可见,GNP 有助于抑制体系燃烧过程的 COP,延缓 CO 的释放,降低燃烧气体的危害性。

对于 GNP 用量为 1.0％ 的改性体系,在燃烧开始时即出现了一个较明显的 COP 峰,其相应时间远低于 PE＋ATH 的第一个 COP 峰值相应的时间,体系此时的降解十分有限,考虑可能是表层的 GNP 在高热源的作用下氧化分解并燃烧而产生了一定量的 CO。

图 3.53 给出了 4 种样品在燃烧过程中二氧化碳生成速率(CO$_2$ production rate,CO2P) 随时间变化的曲线。由图 3.53 可见,PE＋ATH 及其改性体系的 CO2P 曲线与 COP 曲线不同,与 HRR 曲线有一定的形状相似性。PE＋ATH 体系在燃烧第一阶段即产生了 CO2P 峰值。由于形成了炭层,热传递和降解产物的释放受阻,因此燃烧后期的 CO2P 有所下降。在采用 GNP 进行改性后,3 种改性体系的 CO2P 均表现出显著的降低,其原因主要在于两点:其一,GNP 促进了凝缩相成炭,降低了热降解小分子产物的生成;其二,有效炭层的形成,抑制了凝缩相和气相间热和质的传递,抑制了体系热降解及小分子降解产物扩散到气相。

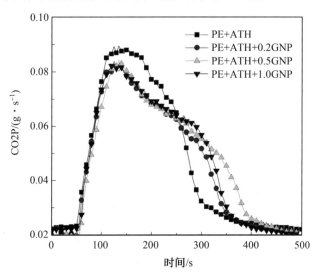

图 3.53　PE/GNP/ATH 复合材料的二氧化碳生成速率随时间变化的
　　　　曲线

表3.3列出了GNP改性无机阻燃PE体系燃烧中CO_2和CO产量相关值。由表3.3可以看出,改性体系的CO产量(CO yield,COY)和二氧化碳产量(CO_2 yield,CO2Y)的平均值均低于PE＋ATH体系的相关值。其中PE＋ATH＋0.5GNP和PE＋ATH＋1.0GNP的COY和CO2Y平均值的降低幅度相近,并具有较低的COY和CO2Y的峰值。而PE＋ATH＋0.2GNP的COY和CO2Y峰值则与PE＋ATH相关值相比有了显著的增加。对比不同改性体系的CO_2与CO释放量,PE＋ATH＋0.5GNP体系具有较低的COY和CO2Y参数值。

表3.3　GNP改性无机阻燃PE体系燃烧中CO和CO_2产量相关值

样品	PE＋ATH	PE＋ATH＋0.2GNP	PE＋ATH＋0.5GNP	PE＋ATH＋1.0GNP
COY峰值 / ($kg \cdot kg^{-1}$)	13.7	20.9 (＋53％)	8.0 (－42％)	13.6 (－1％)
COY均值 / ($kg \cdot kg^{-1}$)	0.059	0.058 (－2％)	0.055 (－7％)	0.056 (－5％)
CO2Y峰值 / ($kg \cdot kg^{-1}$)	501	933 (＋86％)	373 (－25％)	484 (－3％)
CO2Y均值 / ($kg \cdot kg^{-1}$)	3.61	3.45 (－4％)	3.29 (－9％)	3.26 (－10％)

根据燃烧中CO和CO_2的生成速率结果分析,GNP改性无机阻燃体系能够有效抑制燃烧初期CO和CO_2气体的生成速率,降低了火灾危险,有利于人员逃离火灾现场。改性体系的气体生成速率峰值的下降对于降低燃烧气体的危害性起到了积极意义。对于试样单位损失质量所产生CO和CO_2的质量,GNP用量为0.5％的改性体系具有较低的COY和CO2Y值。

7. 火灾危险参数

利用锥形量热仪研究阻燃材料的燃烧行为,得到的结果可以反映材料燃烧中的热释放、烟释放以及气体生成情况,用于确定由材料燃烧的热和烟气所产生的火灾危险。评价火灾危险性的参数包括[7]:火灾性能指数(FPI)、火势增长指数(FGI)、放热指数($THRI_{6 min}$)、发烟指数($TSPI_{6 min}$)和毒性气体生成速率指数($ToxPI_{6 min}$)。其中,火灾性能指数、火势增长指数和放热指数表征的是材料潜在的热危险;而发烟指数和毒性气体生成速率指数则表征材料潜在的烟气危险。各参数的描述如下:

（1）火灾性能指数是材料点燃时间与材料第一个释热速率峰值的比值，FPI 值越大的材料，其阻燃性越好，可用于评估材料的阻燃性能并可据此将材料分类或排序。

（2）火势增长指数是材料热释放速率的峰值与峰值出现的时间的比值，FGI 反映了材料对热反应的能力，指数越大，火灾危险越大，材料在燃烧中使火势蔓延扩大的危险性增加。

（3）放热指数为测试前 6 min 内释放热量总和的对数值，放热指数越大，材料在规定时间内燃烧放热越多，火场温度上升越快，由此造成的热损害越严重。

（4）发烟指数为测试前 6 min 内发烟量总和的对数值，发烟指数越大，材料燃烧时，在规定时间内生成的烟越多。

（5）毒性气体生成速率指数为 CO 的产率与质量损失速率的乘积，即可用 CO 生成速率的对数值近似代替烟气中毒性气体生成速率指数。

表 3.4 列出了 GNP 对 PE/ATH 燃烧过程中火灾危险参数的影响。从火灾危险参数比较可见，GNP 改性的复合材料的 FPI 数值增加，表明阻燃性能增加。在 GNP 用量为 1.0% 时，FGI 下降了约 9%，说明 GNP 的主要作用在于降低热释放速率，而 $THRI_{6\,min}$ 的数值增加了 2%，GNP 对热释放总量的影响较小。在 GNP 用量为 0.5% 时，$TSPI_{6\,min}$ 下降约 14%，表明燃烧中因发烟导致的火灾危险性显著降低，同时 $ToxPI_{6\,min}$ 数值相差不大，说明燃烧释放气体的毒性影响不显著。相较而言，GNP 改性无卤阻燃 PE 复合材料具有较低的火灾危险性。

表 3.4　PE/ATH/GNP 燃烧过程中的火灾危险参数

样品	PE + ATH	PE + ATH + 0.2GNP	PE + ATH + 0.5GNP	PE + ATH + 1.0GNP
FPI	0.35	0.40	0.46	0.45
FGI	0.65	0.64	0.64	0.59
$THRI_{6\,min}$	1.36	1.36	1.39	1.39
$TSPI_{6\,min}$	2.79	2.62	2.39	2.65
$ToxPI_{6\,min}$	－ 0.05	－ 0.05	－ 0.03	－ 0.02

3.3.2　无卤阻燃乙烯－醋酸乙烯共聚物

乙烯－醋酸乙烯共聚物（ethylene－vinyl acetate copolymer，EVA）是一种通用高分子聚合物。与聚乙烯相比，EVA 在分子链中引入了醋酸乙烯单体，从而降低了结晶度，提高了柔韧性、抗冲击性、填料相容性和热密封性能,被广泛应用于发泡鞋料、功能性棚膜、包装膜、热熔胶、电线电缆等领域。采用与 GNP 改性无卤阻燃聚乙烯相似的方法,将 GNP 与无机阻燃剂复配,能够较好地将 GNP 分散于 EVA 中,改善了阻燃性能。

1. 复合与分散

图 3.54 给出了 GNP/EVA 纳米复合材料经液氮脆断后断面的形貌。可见,GNP 在 EVA 中分散得较好。将 GNP 与 ATH 复合后添加到 EVA 中,可通过 SEM 观察 GNP 及 ATH 的分散情况,如图 3.55 所示。由图 3.55 可以观察到 GNP 和 ATH 在 EVA 中分散良好,在 GNP 的周围分散着很多的 ATH 粒子。

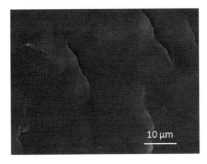

(a) 0.2%

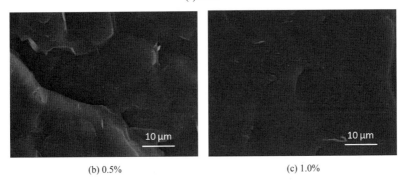

(b) 0.5%　　　　　　　　　(c) 1.0%

图 3.54　GNP/EVA 纳米复合材料脆断后断面的 SEM 图片(GNP 的质量分数分别为 0.2%、0.5% 和 1.0%)

2. 纳米复合材料的热降解

GNP/EVA 纳米复合材料的热失重曲线如图 3.56 和图 3.57 所示。EVA 的热降解可分为两个主要过程:先是在 280～380 ℃醋酸乙烯基发生分解,此阶段热失重为 25%;之后在 380～500 ℃主链断裂降解,热失重为71%。在 550 ℃时,热降解残余量为 1.79%。GNP/EVA 复合材料相应于2% 和 5% 热失重的温度(T_2 和 T_5)都低于 EVA 的相关温度,见表3.5。在

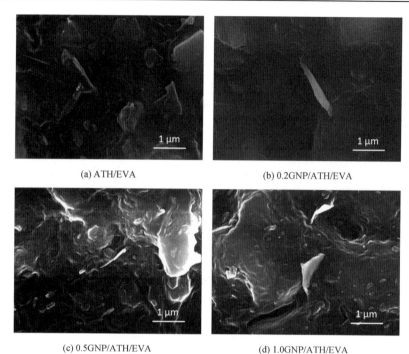

(a) ATH/EVA

(b) 0.2GNP/ATH/EVA

(c) 0.5GNP/ATH/EVA

(d) 1.0GNP/ATH/EVA

图 3.55　GNP/ATH/EVA 复合材料脆断后断面的 SEM 图片

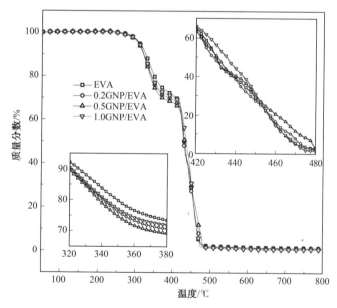

图 3.56　GNP/EVA 纳米复合材料的 TG 曲线

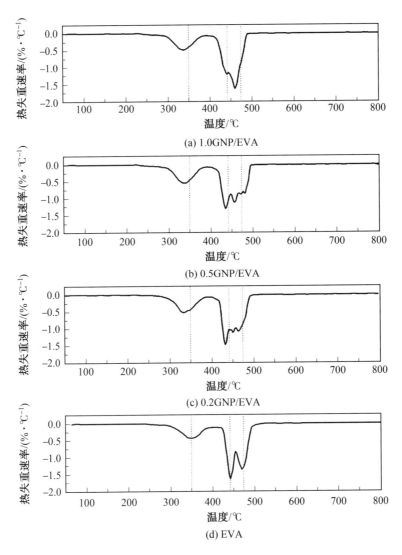

图 3.57 GNP/EVA 纳米复合材料的 DTG 曲线

热失重为 50% 时,0.2GNP/EVA 的 T_{50} 最低,1.0GNP/EVA 的 T_{50} 最高,较 EVA 的 T_{50} 升高了 5 ℃。在热失重 90% 时,GNP/EVA 复合材料的 T_{90} 均比 EVA 高。在 800 ℃ 时,纳米复合材料的热降解残余量与 EVA 的热降解残余量相近,但 1.0GNP/EVA 纳米复合材料的残余量出现了下降。

GNP 具有良好的导热性,能够快速传递热量,使材料的内部温度升高变快,使其与环境温度接近,因此导致初始热失重温度降低。而后,GNP

在复合材料表面形成炭层,起到阻隔作用,使主链热降解温度升高,热失重速率降低。当 GNP 用量为 0.2% 时,GNP 不能形成连续的炭层,因此,0.2GNP/EVA 的 T_{50} 最低。GNP 能够在 EVA 氧化分解中促进少量成炭,随着 GNP 含量的增加,1.0GNP/EVA 复合材料的残余量比纯 EVA 的残余量低了 50%,可能是因为 GNP 的氧化分解,见表 3.5。

表 3.5　GNP/EVA 的 TG 数据

样品	EVA	0.2GNP/EVA	0.5GNP/EVA	1.0GNP/EVA
热失重 2% 的温度 T_2/℃	292	289	284	287
热失重 5% 的温度 T_5/℃	310	307	305	306
热失重 50% 的温度 T_{50}/℃	430	428	430	435
热失重 90% 的温度 T_{90}/℃	463	467	472	465
第一热失重峰温度 /℃	349	334	335	337
第一热失重速率 /(% · ℃$^{-1}$)	0.46	0.54	0.53	0.48
热失重峰温度 /℃	443	433	435	460
最大热失重速率 /(% · ℃$^{-1}$)	1.62	1.48	1.29	1.62
800 ℃ 残余量 /%	1.26	1.35	1.21	0.63

分析 GNP/ATH/EVA 复合材料的热降解过程,如图 3.58 和图 3.59

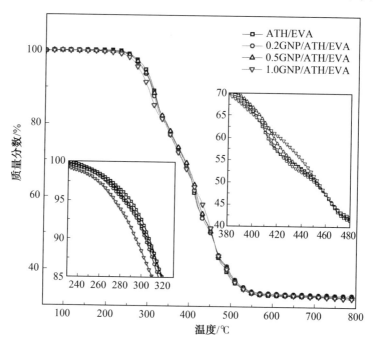

图 3.58　GNP/ATH/EVA 的 TG 曲线

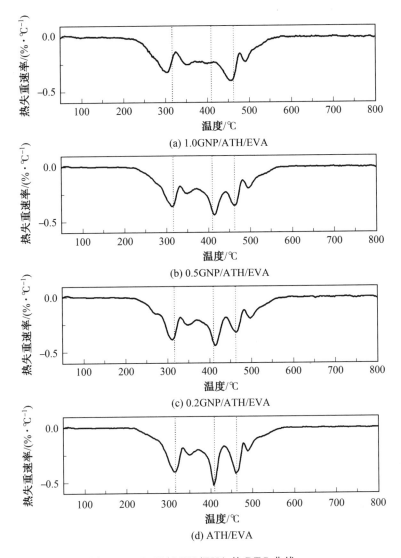

图 3.59 GNP/ATH/EVA 的 DTG 曲线

所示,相关数据列于表 3.6。与 ATH/EVA 相比,GNP/ATH/EVA 复合材料的初始降解温度降低,并随 GNP 用量的增加而降低。复合材料的第一热失重峰出现在 $300 \sim 400 ℃$,材料中 ATH 的分解与 EVA 中醋酸乙烯基分解,相应的 T_{m_1} 和 R_{m_1} 随 GNP 用量的增加而降低。复合材料在 $400 \sim 500 ℃$ 之间呈现了复杂的降解过程,出现较多的失重峰,随 GNP 用量的增加,最大热降解峰的 T_m 升高而 R_m 降低。对于复合材料在 $800 ℃$ 的残余量,变化趋势不大,仅 0.2GNP/ATH/EVA 复合材料的残余量略有增加。

表 3.6　GNP/ATH/EVA 的 TG 数据

样品	ATH/EVA	0.2GNP/ATH/EVA	0.5GNP/ATH/EVA	1.0GNP/ATH/EVA
热失重 5% 的温度 T_5/℃	290	283	283	274
第一热失重峰温度 T_{m_1}/℃	316	312	314	306
第一热失重速率 R_{m_1}/(%·℃$^{-1}$)	0.41	0.39	0.36	0.32
热失重峰温度 T_m/℃	407	413	415	454
最大热失重速率 R_m/(%·℃$^{-1}$)	0.52	0.44	0.44	0.40
800 ℃ 残余量 /%	32.79	33.10	32.68	32.26

综上所述,GNP 对复合材料热降解行为的影响主要体现在:①GNP 的引入使复合材料初始热降解温度降低,这可归因于 GNP 良好的导热性能,复合材料能够快速传导外界热量而使内部温度升高,热降解提前发生;②GNP 提高了炭层的阻隔作用,炭层作用的增强有助于提高大分子链的稳定性,使大分子链的降解温度升高、降解速率下降;③GNP 促进成炭的作用不显著。

3. 复合材料的阻燃性能

GNP/ATH/EVA 复合材料阻燃性能的测试结果,见表 3.7。EVA 的氧指数(limiting oxygen index,LOI)为 19.0%,当加入 50% 的 ATH 时,ATH/EVA 复合材料的氧指数为 26.3%。在阻燃材料中引入 GNP 后,当 GNP 的含量为 0.2% 时,复合材料的氧指数升高到 27.3%,当 GNP 的含量增加到 1.0% 时,氧指数达到 28.2%。加入 GNP 有助于改善阻燃材料的垂直燃烧性能。ATH/EVA 在第一次点火后,离火自熄能力较弱,燃烧持续时间较长,并在燃烧中出现熔滴。加入 GNP 后,复合材料在第一次点火后,火焰能够立即熄灭,但在第二次点火后仍产生熔滴,UL-94 等级提高到 V-2 级。

GNP 与 ATH 间存在的协同阻燃作用提高了复合材料的阻燃性能。对氧指数测试后的炭层进行了 SEM 分析,如图 3.60 所示。ATH/EVA 复合材料燃烧后的炭层由松散的颗粒组成,这些颗粒为 ATH 分解产生的 Al_2O_3 颗粒。GNP/ATH/EVA 复合材料的炭层较为致密,在 0.5GNP/ATH/EVA 和 1.0GNP/ATH/EVA 炭层表面观察到明显的泡沫状炭层,为 GNP 多孔炭层,其结构可以有效地发挥阻隔作用,是复合材料阻燃性能提高的关键因素。

表 3.7 GNP/ATH/EVA 复合材料阻燃性能的测试结果

样品	UL－94	LOI/％
ATH/EVA	—	26.3
0.2GNP/ATH/EVA	V－2	27.3
0.5GNP/ATH/EVA	V－2	27.5
1.0GNP/ATH/EVA	V－2	28.2

注:阻燃剂用量为 50％

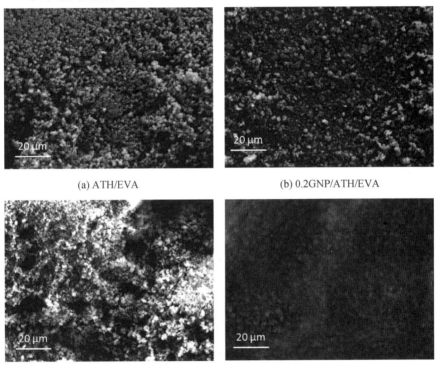

(a) ATH/EVA   (b) 0.2GNP/ATH/EVA

(c) 0.5GNP/ATH/EVA   (d) 1.0GNP/ATH/EVA

图 3.60 复合材料燃烧后炭层的 SEM 图

结合热降解行为和炭层形貌 GNP 表明,在燃烧过程中,GNP 迁移至燃烧表面,形成了泡沫碳质阻隔层,与 ATH 分解形成的氧化铝无机层相互作用,有效提高了炭层的致密性和阻隔作用,对于阻燃性能的提高发挥了积极意义。

4. 复合材料的燃烧行为

采用 CONE 比较研究了石墨微粉(microG)和石墨烯薄片(GNP)对阻燃
EVA 燃烧行为的影响。燃烧过程中阻燃 EVA 复合材料的质量损失曲线如图
3.61 所示,石墨和石墨烯都使阻燃复合材料的质量损失提前,其中,石墨烯的作
用更为突出,燃烧结束时,添加石墨烯的复合材料(EVA－ATH－GNP)的残余
量比 EVA－ATH 的残余量增加了 2.5%,而添加石墨的复合材料(EVA－
ATH－microG)的残余量仅增加了 0.5%。对燃烧后的残炭进行形貌分析,如
图 3.62 所示,EVA－ATH－microG 的炭层结构与 EVA－ATH 的炭层结构相
似,而 EVA－ATH－GNP 的炭层结构更致密。含有石墨和石墨烯的阻燃材料
在热源下能够吸收更多的热量而使材料热降解提前、质量损失增加,材料热降
解过程中由于石墨烯的作用形成了更有效的炭层,在燃烧后期,有效延缓了质
量损失,产生了更多的残炭。

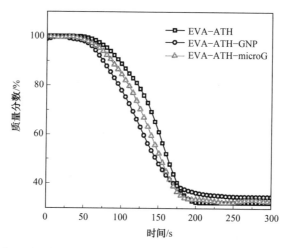

图 3.61　燃烧过程中阻燃 EVA 复合材料的质量损失曲线

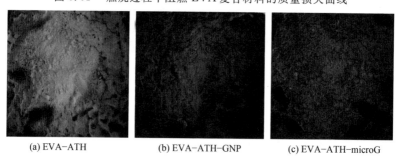

(a) EVA－ATH　　　　(b) EVA－ATH－GNP　　　　(c) EVA－ATH－microG

图 3.62　阻燃 EVA 复合材料的燃烧残炭照片

图 3.63 和图 3.64 分别给出了阻燃 EVA 复合材料在燃烧过程中 HRR 和 THR 随时间变化的曲线。添加石墨和石墨烯的复合材料的点燃时间都缩短,证明了复合材料在热源下的吸热能力对热降解的作用。与 EVA－ATH 相比,EVA－ATH－microG 和 EVA－ATH－GNP 的 HRR 峰值分别下降了 22％和 38％,而且 EVA－ATH－GNP 的 THR 也下降了 5％,由此可见,纳米结构的石墨烯所形成的炭层具有更好的阻隔作用,有效降低了体系燃烧中的热释放速率。

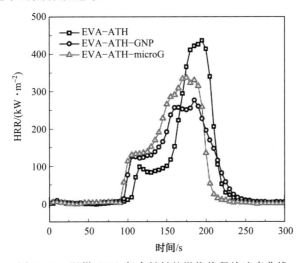

图 3.63　阻燃 EVA 复合材料的燃烧热释放速率曲线

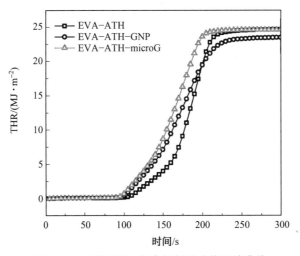

图 3.64　阻燃 EVA 复合材料的总热释放曲线

图 3.65 和图 3.66 分别给出了阻燃 EVA 复合材料在燃烧过程中 SPR 和 TSR 随时间变化的曲线。与 EVA－ATH 相比,EVA－ATH－microG 和 EVA－ATH－GNP 的 SPR 峰值分别下降了 16% 和 47%,而且,EVA－ATH－GNP 的 TSR 也下降了 8%,但 EVA－ATH－microG 的 TSR 增加了 5%。由此可见,纳米结构的石墨烯所形成的炭层具有更好的阻隔作用,抑制了总烟释放量,而石墨微粉的挥发可能导致体系燃烧中的总烟释放量的增加。

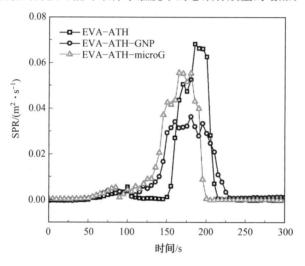

图 3.65　阻燃 EVA 复合材料的燃烧生烟速率曲线

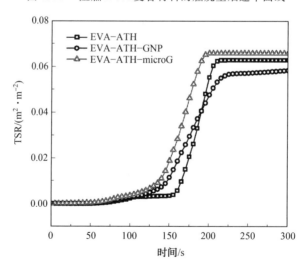

图 3.66　阻燃 EVA 复合材料的总烟释放曲线

图 3.67 和图 3.68 分别给出了阻燃 EVA 复合材料在燃烧过程中 COP 和 CO2P 随时间变化的曲线。 与 EVA－ATH 相比，EVA－ATH－microG 和 EVA－ATH－GNP 的 COP 峰值分别下降了 22％ 和 44％，同时，CO2P 峰值也分别下降了 17％ 和 33％。

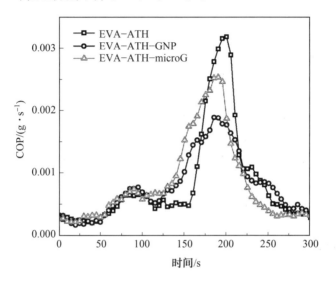

图 3.67　阻燃 EVA 复合材料的 CO 生成速率曲线

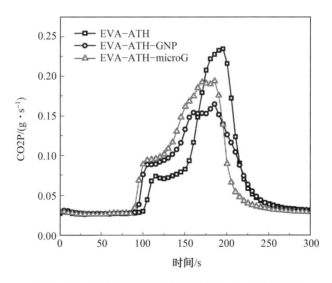

图 3.68　阻燃 EVA 复合材料的 CO_2 生成速率曲线

本章参考文献

[1] 段淼,李四中,陈国华. 机械法制备石墨烯的研究进展[J]. 材料工程, 2013(12):85-91.

[2] 韩志东,杜鹏,董丽敏,等. 分步插层法制备硝酸盐－硫酸－GIC[J]. 新型炭材料,2009,24(4):379-382.

[3] 许达. 石墨烯及其聚烯烃复合材料的制备与性能研究[D]. 哈尔滨:哈尔滨理工大学,2012.

[4] 吴泽,董艳丽,许达,等. 改性膨胀石墨在 POE 中的分散及其对性能的影响[J]. 化学工程师,2011,194(11):4-7.

[5] 董文哲. 纳米石墨微片及其聚乙烯纳米复合材料的制备与性能研究[D]. 哈尔滨:哈尔滨理工大学,2014.

[6] HAN Z,WANG Y,DONG W,et al. Enhanced fire retardancy of polyethylene/alumina trihydrate composites by graphene nanoplatelets[J]. Materials Letters,2014(128):275-278.

[7] 舒中俊,徐晓楠,杨守生,等. 基于锥形量热仪实验的聚合物材料火灾危险评价研究[J]. 高分子通报,2006(5):37-44.

第4章 氧化石墨(烯)及其阻燃材料

以天然石墨为原料,采用化学氧化法,经强氧化反应形成氧化石墨,再借助于机械剥离与分散等方法可得到氧化石墨烯。由于含氧官能团之间作用较强,剥离后的氧化石墨烯在进一步加工过程中极容易发生堆垛,这种现象在氧化石墨烯的还原过程中也经常被发现。

氧化石墨烯的含氧官能团与聚合物分子链侧基或官能团可稳定氧化石墨烯,进而获得聚合物/氧化石墨烯纳米复合材料。另一方面,由于含有大量的含氧官能团,氧化石墨(烯)的热稳定性较低,难以适应聚合物熔融加工的条件。为此,利用氧化石墨(烯)的特点将其制成浆料,与水溶性聚合物或聚合物乳液相作用,可获得聚合物基纳米复合材料。这种方法避免了高温加工导致的分解现象,是一种环境友好的方法。

氧化石墨(烯)在阻燃聚合物中的应用是近年来广泛关注的课题。利用含氧基团的反应活性不仅可以对其进行阻燃功能化的改性,也为研究聚合物成炭阻燃机理与炭层作用提供了丰富的数据。材料的阻燃性能往往采用锥形量热仪(cone calorimeter,CONE)、垂直燃烧、水平燃烧、氧指数等手段反映有关热释放、火焰传播速率、易燃性等参数变化。从阻燃机理方面分析,凝缩相热降解、交联和成炭是氧化石墨(烯)阻燃的关键问题。

本章讨论了氧化石墨(烯)对聚乙烯醇(polyvinyl alcohol,PVA)与聚丙烯酸酯(polyacrylate,PAE)两种聚合物材料阻燃性能的影响,借助热重分析/光电子能谱(thermogravimetric analysis/X — ray photoelectron spectroscopy,TG/XPS)技术研究热降解过程中凝缩相的结构和组成的变化[1],可为揭示阻燃机理提供丰富的数据,以表征纳米结构对阻燃性能与阻燃机理的影响[2-3]。

4.1 氧化石墨的制备与改性

4.1.1 氧化石墨的制备方法

石墨用强氧化剂(如硝酸、高氯酸、氯酸钾或高锰酸钾等)处理时,在石墨层间形成一种没有化学计量的层间化合物,通常叫作氧化石墨,又称为石墨酸[4]。 常用的氧化方法有 Brodie 法[5]、Staudenmaier 法[6] 和 Hummers 法[7] 等。氧化石墨具有较强的亲水性,很容易吸收水或其他极性溶液,使氧化石墨能够在一维方向上发生尺寸膨胀,随着氧化石墨吸收水的数量增加,其层间距从 0.61 nm 扩大到 1.10 nm[8-9]。

一般认为,氧化石墨的形成过程包括 3 个步骤[10-11]:① 形成石墨层间化合物;② 石墨层间化合物发生氧化;③ 氧化物的水解。在石墨层间化合物的基础上,制备氧化石墨将有助于获得氧化程度高的氧化石墨,并在一定程度上降低氧化反应所需的时间。采用 Hummers 法,比较研究了以 H_2SO_4 为插层剂的石墨层间化合物(可膨胀石墨,EG)和天然鳞片石墨(NG),以其二者为原料经不同的氧化时间制备出氧化石墨,对所得产物进行结构分析,得到的 XRD 谱图如图 4.1 所示。

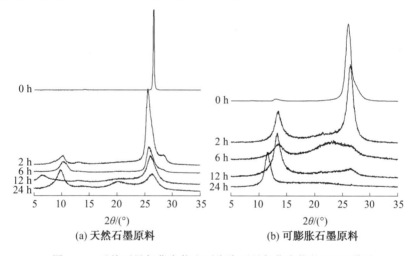

(a) 天然石墨原料　　　　(b) 可膨胀石墨原料

图 4.1　天然石墨氧化产物和可膨胀石墨氧化产物的 XRD 谱图
(氧化反应时间分别为 0 h、2 h、6 h、12 h 和 24 h)

对于天然鳞片石墨,经 2 h 氧化反应之后,石墨在 26.6° 的(002)衍射峰变宽并向低角度方向移动,说明形成了石墨层间化合物(GIC)。同时,在 2θ 为 10° 左右出现微弱衍射峰,对应于氧化石墨的(001)衍射峰。随着氧化时间的增加,反应 24 h 的氧化产物表现出较强的氧化石墨衍射峰,同时伴有石墨层间化合物衍射峰的存在。考虑到氧化石墨的形成是通过石墨层间化合物的氧化而实现的[12],在氧化不充分时,产物将由氧化石墨和石墨层间化合物组成。

可膨胀石墨作为一种石墨层间化合物,在 2θ 为 24°～26° 出现较宽的衍射峰。可膨胀石墨的边缘和表层已存在一定程度的氧化[13], H_2SO_4 以插层结构嵌入片层之间,而内部仍可能存在少量未插层的石墨结构。同时,在 2θ 约为 $13°$ 处出现了较弱的衍射峰,说明在可膨胀石墨中已经存在少量的氧化石墨。随着氧化反应时间的增加,在 2θ 为 $24\sim26°$ 处衍射峰的强度不断减弱,直至消失,相反,氧化石墨的衍射峰越来越强。氧化时间为 24 h 的产物仅表现为氧化石墨的衍射特征,说明由可膨胀石墨已成功制备出氧化石墨。

通过天然石墨和可膨胀石墨的氧化过程比较可以看出,二者的氧化过程存在一些相似之处。天然石墨氧化 2 h 后的氧化产物的 XRD 谱图与可膨胀石墨的 XRD 谱图类似,天然石墨氧化 12 h 的氧化产物与可膨胀石墨氧化 2 h 的氧化产物、天然石墨氧化 24 h 的氧化产物与可膨胀石墨氧化 6 h 的氧化产物的 XRD 谱图有相似之处。

由于石墨的结构特点,其表面及片层边缘是反应的活性区域。在氧化石墨的形成过程中,石墨碳层的边缘首先被氧化,从而有助于插层剂向层间的扩散,形成石墨层间化合物。采用 Hummers 法制备氧化石墨时,H_2SO_4 同时作为插层剂和氧化剂,经氧化插层反应得到的石墨层间化合物即为可膨胀石墨。随着扩散和氧化过程的进行,石墨碳层的氧化程度逐渐增加,但插层与扩散过程中所形成的石墨层间化合物的阶结构较为复杂,导致石墨碳层的氧化程度有差异,形成了氧化石墨与石墨层间化合物共存的现象。随着氧化程度的继续增加,最终实现了片层的充分氧化,形成了氧化石墨。

对于可膨胀石墨而言,在形成石墨层间化合物的过程中,H_2SO_4 作为插层剂已经充分扩散进入石墨片层间,在氧化过程中,更容易与强氧化剂作用而使石墨片层氧化,生成氧化石墨。因此,采用可膨胀石墨制备氧化石墨可缩短氧化反应时间,提高氧化程度。采用 XPS 技术对天然石墨和可膨胀石墨的氧/碳原子个数比($n_O:n_C$)随氧化时间的变化进行了分析,如图 4.2 所示。

氧化之前,天然石墨的氧/碳原子个数比($n_O:n_C$)为 0.05,而可膨胀石墨的 $n_O:n_C$ 可达到 0.14,说明可膨胀石墨表面已经具有一定程度的氧化。随着氧化时间的不断增加,二者的 $n_O:n_C$ 不断增加,在相同反应条件下,可膨胀石墨氧化产物的 $n_O:n_C$ 始终高于天然石墨氧化产物的 $n_O:n_C$,而且可膨胀石墨经 12 h 的氧化产物的 $n_O:n_C$(0.34)甚至比天然石墨经 24 h 的氧化产物的 $n_O:n_C$(0.26)还要高。在氧化反应时间达到 12 h 后,$n_O:n_C$ 增加速度减缓,说明表面氧化程度已经接近一定限度。

在氧化过程中,片层间距逐渐增大,层间距增大的程度随嵌入的氧原子的数量变化而增减。天然石墨往往需要长时间的氧化反应或重复氧化以获得一定的氧化程度。由于可膨胀石墨本身是一种石墨层间化合物,因此在形成氧化石墨的过程中,可直接实现石墨片层的氧化,经过较短的时

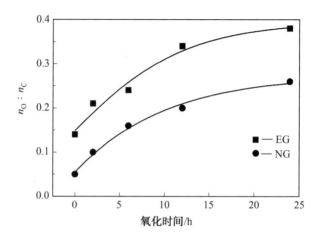

图 4.2　不同氧化时间下的 $n_O : n_C$

间,就可以达到较高的氧化程度,大大缩短了制备氧化石墨所需的时间,这与以可膨胀石墨为原料的初衷是一致的。

4.1.2　氧化石墨的结构特征

氧化石墨的结构一直是研究者们关注的科学问题之一。为此,建立了多种模型用以表征氧化石墨的结构。图 4.3 所示为 He 等人提出的氧化石墨的结构模型[14],其结构已被多种测试方法证实。FTIR 结果表明氧化石墨中含有 C—OH、—OH、C=O 等基团;^{13}C NMR 也检测到与醚或羟基相连的碳原子[15],并发现 sp^3 杂化的 C 原子。尽管如此,由于氧化石墨的组成结构受原材料、反应条件、氧化方法等因素的影响,氧化石墨的结构仍然不十分确定。

XPS 作为一种表面分析技术,可灵敏地检测到氧化过程中表面元素及元素键合状态的变化[16-18],能够为确定氧化石墨的结构提供有用的信息。采用 XPS 对可膨胀石墨氧化过程中表面碳氧元素的键合状态进行分析,氧

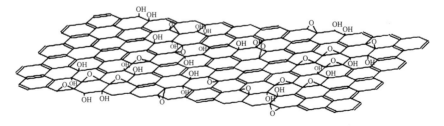

图 4.3　氧化石墨的结构模型[14]

化后 C1s 曲线的拟合结果如图 4.4 和表 4.1 所示。随着氧化时间的增加，结合能为 286.5 eV 的 C—O 谱峰强度显著增加，结合能为 287.8 eV 的

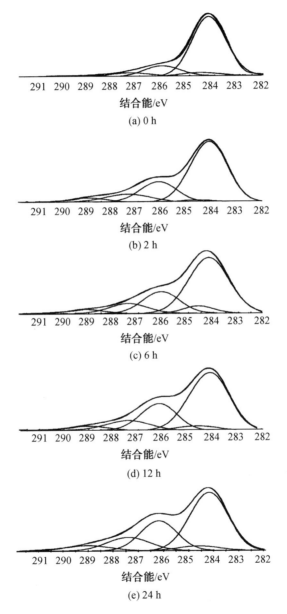

图 4.4　可膨胀石墨氧化过程中 C1s 的曲线拟合
（氧化时间分别为 0 h、2 h、6 h、12 h 和 24 h）

C＝O 和结合能为 289.2 eV 的 COO 谱峰强度逐渐增加。对于反应 12 h 和反应 24 h 的氧化产物,C1s 拟合曲线较为相似,变化不明显,说明二者具有类似的表面状态。另外,从氧化 24 h 的样品(该样品已经确认为氧化石墨)来看,尽管样品中含有较高数量的含氧基团,但石墨结构仍为主峰,说明氧化过程并没有破坏石墨层状结构。从定量结果可见,氧化石墨仍以石墨结构为主,C 与 O 的键合结构以 C—O 为主,其次为 C＝O。

表 4.1　可膨胀石墨氧化产物的 C1s 定量拟合结果

氧化时间 /h	石墨 C (284.4 eV)	C—O (286.5 eV)	C＝O (287.8 eV)	COO (289.2 eV)
0	74.02	13.85	5.81	1.73
2	68.47	17.58	8.85	2.99
6	63.02	21.35	9.61	3.43
12	57.83	23.15	11.46	4.97
24	51.88	25.11	13.13	5.51

4.1.3　改性与插层

由于 O 原子与 C 原子形成共价键,因此石墨晶格沿 c 轴方向有所增大,氧化石墨的层间距离可达到 $0.6 \sim 1.1$ nm[19]。利用氧化石墨丰富的含氧功能基,选择十六烷基三甲基溴化胺(cetyltrimethyl ammonium bromide,CTAB)为有机化插层剂[20],对氧化石墨进行了有机化处理,如图 4.5 所示。经过有机化处理之后,氧化石墨的结构发生了显著的变化,氧化石墨在 2θ 为 11.58°(对应层间距离为 0.76 nm)处的衍射峰在有机化处理后消失,与此同时在 2θ 为 $2° \sim 8°$ 之间出现了一系列新的衍射峰,最小 2θ 为 2.4°,对应此时的层间距离为 3.7 nm。与氧化石墨相比,改性氧化石墨的层间距离显著增大,说明有机化试剂已经成功插入氧化石墨层间,使层间距离有效扩大。

傅里叶变换红外光谱(fourier transform infrared spectroscopy,FTIR)的实验结果也表明了处理后的氧化石墨中存在有机化试剂,如图 4.6 所示。在未改性处理的氧化石墨的 FTIR 谱图中,位于 3 450 cm^{-1} 处的吸收峰对应于氧化石墨中 —OH 的伸缩振动,由于样品吸湿性较强,在位于 1 620 cm^{-1} 处的对应于水分子变形振动的吸收谱峰较强,相应于在 3 200 ～3 600 cm^{-1} 处的水分子伸缩振动导致 3 450 cm^{-1} 处谱峰变宽。相

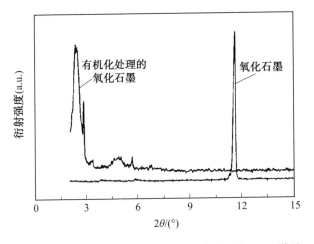

图 4.5 氧化石墨及有机化处理的氧化石墨的 XRD 谱图

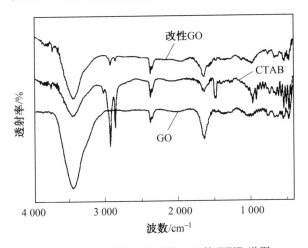

图 4.6 GO、CTAB 与改性 GO 的 FTIR 谱图

应于 1 390 cm^{-1} 和 1 060 cm^{-1} 为 O—H 和 C—O 的振动吸收,位于 1 710 cm^{-1} 处的谱峰相应于氧化石墨层边缘部分的羰基伸缩振动。有机化处理之后,1 390 cm^{-1} 处对应的 CO—H 基团的谱峰减弱,说明有机化试剂与氧化石墨间有一定的化学作用,产生阳离子型有机化试剂与氧化石墨中的 C═O 以离子键的状态存在。与此同时,新出现的谱峰在 2 960 ～ 2 850 cm^{-1} 范围内出现两个新的谱峰,分别为 2 920 cm^{-1} 和 2 850 cm^{-1},对应于烷基的 C—H 伸缩振动吸收带,同时在 1 360 cm^{-1} 附近出现 —CH$_3$ 基的对称变形振动吸收带,以及在 750 cm^{-1} 附近出现 —CH$_2$ 基的平面内摇摆振动吸收带。由此可见,有机化试剂已经插入氧化石墨的层间,CTAB

离子与氧化石墨中的 O 通过离子键结合,使氧化石墨层间距显著增大。

4.2　氧化石墨的热分解与结构演变

通过 TG/XPS 法对 $50 \sim 500$ ℃ 的温度范围内氧化石墨热分解过程及固相产物的结构演变进行了研究。

4.2.1　热稳定性

氧化石墨的热稳定性较差[21],受热后容易分解,与之相应的温度常被用作氧化石墨的定性分析。氮气气氛中氧化石墨的热分析曲线如图 4.7 所示,数据结果列于表 4.2。氧化石墨的热分解过程表现为 3 个阶段[22]:第一阶段为 $50 \sim 150$ ℃,DTA 研究表明该阶段表现为吸热效应,气相色谱的研究结果表明该阶段的主要挥发性产物为水,说明此阶段主要发生脱水反应,脱出水分的质量与氧化石墨干燥过程中的质量损失基本相同,脱出的水分主要为氧化石墨吸附的水分;第二阶段为 $150 \sim 300$ ℃,这个阶段对应于氧化石墨的主要热分解过程,研究表明该阶段表现为放热效应,是氧化石墨受热后分解的结果,气相产物为 CO_2、CO 和水分,对 300 ℃ 的固相热分解产物进行 XRD 表征后发现,分解产物仍保持了原有的层状结构,但与石墨相比,其具有较大的层间距离,为 0.4 nm,拉曼光谱的测试结果也证明了石墨片层结构的存在,热分解产物中仍存在一定的不规则石墨结

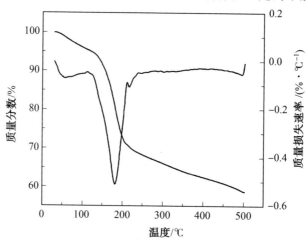

图 4.7　氧化石墨的热分析曲线

构；在 300 ℃ 之后，仍有一定程度的热失重发生，在 300 ～ 500 ℃ 的过程中，热失重约为 7%，将之归为氧化石墨热分解过程的第三阶段，这是分解产物进一步石墨化的过程。

表 4.2　氧化石墨热分解过程的热分析数据

热分析参数	阶段 Ⅰ	阶段 Ⅱ	阶段 Ⅲ
温度范围 /℃	50 ～ 150	150 ～ 300	300 ～ 500
质量损失率 /%	5.5	26	10
热失重峰值温度 /℃	55	182	—
最大热失重速率 /(% · ℃$^{-1}$)	0.07	0.51	—
气相产物	H_2O	CO_2,CO,H_2O	低分子化合物,CO_2

4.2.2　元素组成

采用 XPS 准原位分析研究氧化石墨热分解过程中固相结构和组成的变化，从 20 ℃ 到 500 ℃，氧化石墨的 C1s 和 O1s 谱峰的相对强度随温度的变化如图 4.8 和图 4.9 所示。对应于热分析结果，C1s 和 O1s 相对强度的变化情况也具有 3 个温度阶段：第一阶段为 20 ～ 130 ℃，随着温度的升高，C1s、O1s 相对强度均有所升高，该阶段主要是脱去吸附水的过程，还伴有小分子物质及一些污染物质的挥发，此外，C1s 谱峰的相对强度略有升高表明已经有少量氧化石墨开始分解；第二阶段为 130 ～ 300 ℃，氧化石墨分解产生的 CO_2 和 CO 将导致 O 原

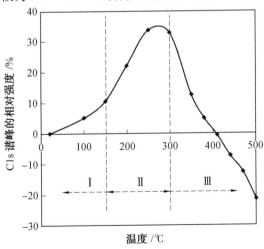

图 4.8　氧化石墨 C1s 谱峰的相对强度随温度的变化

子损失、C 原子数量增加,因此,C1s 谱峰的相对强度迅速增大,O1s 谱峰的相对强度有所减小;第三阶段为 300 ～ 500 ℃,随着温度的升高,C1s 谱峰的相对强度不断减小,而 O1s 谱峰的相对强度大幅增大,这说明表面出现了大量的 O 原子,表面氧化成为主要过程。

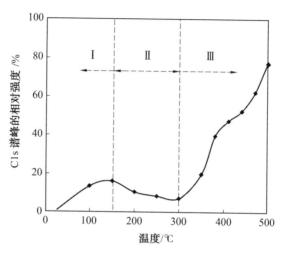

图 4.9　氧化石墨 O1s 谱峰的相对强度随温度的变化

在这一变化过程中,材料表面的 $n_O : n_C$ 随着温度改变也发生了显著的变化,如图 4.10 所示。20 ℃ 时氧化石墨的 $n_O : n_C$ 为 3,而在 500 ℃ 时,该比值下降到 1.4,说明材料表面覆盖了大量的 O 原子。O 原子一方面来自

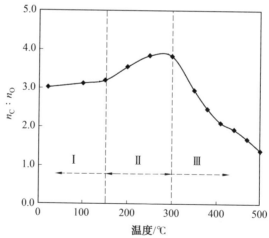

图 4.10　$n_C : n_O$ 与温度的关系

于氧化石墨本身固有的 O,另一方面也来自于某些氧化物在材料表面的积累。在 500 ℃ 时,除 C、O 以外,热分解产物表面还聚集了许多其他的元素,这些物质在氧化石墨制备和处理过程中是不可避免的,其结果在表 4.3 中列出。在 20 ℃ 时,表面 C、O 两种元素占 97.5%,其他元素占 2.5%,而在 500 ℃ 时表面 C、O 两种元素占 87.7%,其他元素已经达到 12.3%。

表 4.3　20 ℃ 和 500 ℃ 的材料表面元素分布

元素种类	20 ℃	500 ℃
C	73.1%	51.2%
O	24.4%	36.5%
N	0.4%	0.3%
Na	0.4%	2.6%
S	1.1%	3.3%
Mn	—	1.0%
Si	0.6%	3.7%
Ca	—	1.4%

4.2.3　结构演变

根据结合能判断 5 种 C 原子的结构,得到随温度变化的 C1s 曲线拟合结果,如图 4.11 所示,揭示了氧化石墨热分解过程中固相结构的变化。C1s 曲线拟合结果也表现出类似的 3 个主要阶段:① 在 20 ～ 150 ℃ 范围内,氧化石墨的结构中仍以石墨结构($C=C,sp^2$)为主,而 O 与 C 的键接方式则主要以 C—O 为主,由于含有较多的 O 原子,因此在氧化石墨中存在部分以 sp^3 方式键接的 C—C,污染碳的存在导致其相对含量略有下降;② 在温度为 150 ～ 300 ℃ 时,氧化石墨发生热分解,表面 C—O 数量大幅下降,热分解导致氧化石墨中部分石墨结构遭到破坏,部分以 sp^2 成键的 $C=C$ 转化为以 sp^3 成键的 C—C 结构;③ 温度到达 300 ～ 500 ℃ 时,表面氧化成为主要过程,导致 $C=O$ 和 COO 含量迅速增大,并产生了大量以 sp^3 成键的 C—C 结构,以 sp^2 成键的 $C=C$ 的含量呈下降趋势。

表 4.4 给出了 20 ℃ 和 500 ℃ 的 C1s 曲线拟合结果。从 20 ℃ 到 500 ℃,表面与 O 相连的 C 原子的含量由 30.6% 增加到 33.3%,说明在 500 ℃ 时表面存在一定程度的氧化过程,由于进一步的氧化,因此表面以 sp^2 方式相连的 $C=C$ 石墨结构遭到破坏,产生了大量以 sp^3 方式相连的

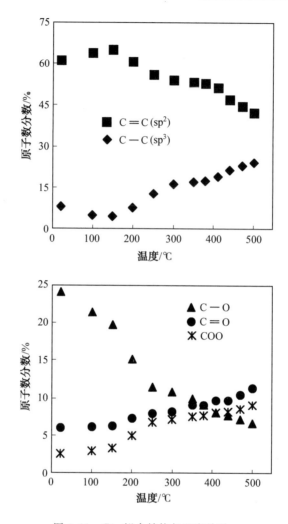

图 4.11 C1s 拟合结构与温度关系

C—C结构,而且碳氧键接的方式也由氧化石墨中以C—O为主变为以C═
O 和 COO 为主。

表 4.4 20 ℃ 和 500 ℃ 的 C1s 曲线拟合结果

成键方式	20 ℃	500 ℃
C═C (sp²)	61.1%	42.4%
C—C (sp³)	8.3%	24.5%
C—O	22.0%	8.8%

续表4.4

成键方式	20 ℃	500 ℃
C=O	6.0%	12.5%
COO	2.6%	12.0%

与热分解前相比,碳氧键接的方式发生了根本的变化,大部分O原子以双键的形式与C原子键接,O1s拟合结果(图4.12)也证明了这一点。其中,离子化的O原子含量的相对增加,说明表面氧化物发生了积累。因制备过程引入的其他金属元素多以氧化物或无机盐的形式存在,是造成表面离子化的O原子数量增加的主要原因。

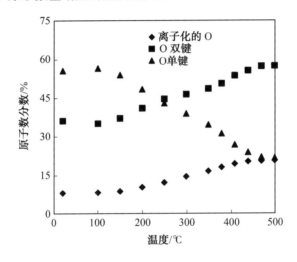

图4.12 500 ℃的O1s拟合结果

由以上分析可见,氧化石墨的热分解过程是一个十分复杂的过程,其间伴随着复杂的分解和氧化过程。在实验温度范围(20～500 ℃)内,热分解所体现出的3个阶段已为XPS和TG实验所证实。在第一个阶段(20～150 ℃),氧化石墨的$n_C:n_O$为3,热失重的主要原因在于吸附水分和一些小分子物质的损失,而且少量热分解已经发生。在第二个阶段(150～300 ℃),这是氧化石墨主要的热分解温度范围,C—O大量分解,发生大量的热失重,300 ℃时,热分解产物的$n_C:n_O$为3.8,说明产物仍含有大量的O。在第三个阶段(301～500 ℃),表面氧化成为主要因素,到500 ℃时,材料表面覆盖了大量的O原子,$n_C:n_O$下降到1.4,XPS结果表明此时的产物表面积累了大量的无机物质,导致表面存在较多的离子化的O原子,但热分解产物中O原子主要以双键形式与C原子键接,C1s拟合表明,C＝O 和 COO 成为热分解产物碳氧键接的主要方式,同时,氧化分解导致以 sp^2 成键的 C＝C 大量转化为 sp^3 成键方式,但 sp^2 成键的石墨结构仍是产物的主要结构。

氧化石墨具有与石墨相近的层状结构,但由于键接了大量的含氧基团,结构中出现了部分类似环己烷的非平面结构。在热分解过程中,这种结构随着含氧基团的分解而逐步分解或者转化为石墨的平面片层结构。与石墨相比,氧化石墨热分解后形成的石墨片层仍含有较多的缺陷。这种缺陷既包括物理上的,也包括化学上的。物理上的缺陷主要来源于分解过程中大量挥发产物造成的孔洞,这些孔洞的出现导致了石墨片层的不连续性,而化学上的缺陷主要是指热分解后的产物与石墨结构仍有一定的差距,如较大的层间距离及较高的含氧量,这种化学上的缺陷将是高温下氧化石墨进一步分解及表面氧化的主要原因。

4.3　聚乙烯醇／氧化石墨(烯)复合材料

4.3.1　结构与分散

1. 结构

根据氧化石墨(烯)在聚合物中的结构和分散情况,可形成剥离型和插层型两种纳米复合材料结构。目前普遍接受的研究方法以 XRD 中(001)衍射峰来判断聚合物／氧化石墨纳米复合材料的结构。将(001)衍射峰消失的纳米复合材料称为剥离型纳米复合材料,在此种情况下,剥离形成的氧化石墨烯片层分散在聚合物基体中。而在插层结构中,氧化石墨仍具有层结构,由于将聚合物引入氧化石墨层间,衍射峰将出现在较小的衍射角范围内。

由图 4.13 可见,GO 的衍射峰出现在 $2\theta=10.9°$,PVA/GO 纳米复合材料的 XRD 谱图中 GO 的衍射峰均已消失,这一结果表明纳米复合结构的形成。在 GO 用量从 0 增加到 40% 的过程中,根据纳米复合材料的 XRD 谱图中衍射峰出现的位置,将谱图划分为 3 个范围,见表 4.5,并根据 2θ 在 $2°\sim7°$ 范围内出现衍射峰的情况及其位置变化,判断剥离型或插层型纳米复合材料的结构。

纳米复合材料的结构随氧化石墨用量变化可分为两个阶段:在第一阶段,氧化石墨用量少于 10%,样品为 PVA－GO－2 和 PVA－GO－5,XRD谱图在 $2°\sim7°$ 范围内没有衍射峰出现,表明形成了剥离型纳米复合材料,

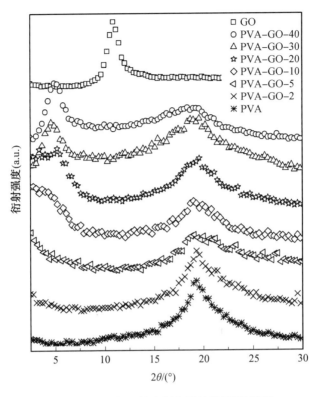

图 4.13　PVA/GO 纳米复合材料的 XRD 谱图

此时,氧化石墨烯片层无规则地分散在聚合物基体中;在第二阶段,氧化石墨用量为 10%～40%,样品为 PVA－GO－20、PVA－GO－30 和 PVA－GO－40,在 $2\theta \approx 5°$ 处出现衍射峰,表明形成了插层型纳米复合材料,在这种情况下,PVA 插入片层之间,导致片层之间距离增大,表现为衍射峰向更小的 2θ 方向移动,此时的层间距离在 2 nm 左右。对于 PVA－GO－10,在 $2\theta=4°$ 处出现了强度较弱的衍射峰,表明复合材料中存在层间距离较大的插层型结构。

表 4.5　PVA/GO 纳米复合材料的 XRD 数据

样品	w_{GO}/%	2θ 范围		
		$2°\sim7°$	$7°\sim15°$	$15°\sim25°$
GO	—	—	10.9	—
PVA	0	—	—	19.4
PVA－GO－2	2	—	—	19.4

续表4.5

样品	$w_{GO}/\%$	2θ 范围		
		$2°\sim7°$	$7°\sim15°$	$15°\sim25°$
PVA－GO－5	5	—	—	19.4
PVA－GO－10	10	4.0	—	19.4
PVA－GO－20	20	4.9	—	19.4
PVA－GO－30	30	4.9	—	19.4
PVA－GO－40	40	4.9	—	19.4

2. 分散

对氧化石墨用量为 10％ 的纳米复合材料 PVA－GO－10 进行 TEM 分析,如图 4.14 所示,从图中可以观察到两种区域,一种为完全剥离的氧化石墨烯片层,其无规则地分布在聚合物基体中,对应于剥离形态的纳米复合材料,而另一种区域表现为局部的有序结构,具有插层型的形貌特征。

图 4.14   氧化石墨用量为 10％ 的 PVA 纳米复合材料的 TEM 图片

结合 TEM 图片和 XRD 谱图,可以发现在氧化石墨用量为 10％ 的 PVA－GO－10 的纳米复合体系中存在部分插层型结构与剥离型结构。事实上,每种方法在确定纳米复合材料的结构时都有一定的局限性。即使在(001)衍射峰完全消失的纳米复合材料中,通过 TEM 仍然可观察到插层型结构,但由于这些插层结构的非规整排列及 XRD 的检测极限等因素,而没有出现衍射峰。另一方面,TEM 也仅仅反映了纳米复合材料局部的形貌结构。但对于这两种情况,PVA 中均形成了氧化石墨烯的分散,因此,该材料是一种 PVA/ 氧化石墨烯纳米复合材料。

4.3.2 阻燃性能

1. 氧指数

在插层型和剥离型结构中,氧化石墨烯片层间的作用关系不一样,将对阻燃性能产生一定的影响。为比较氧化石墨与氧化石墨烯对 PVA 的阻燃作用,通过简单混合的方法获得了 PVA/ 氧化石墨复合材料,其中,氧化石墨仅以物理形态分散在 PVA 中,未形成剥离或插层结构。将 PVA/ 氧化石墨复合材料与 PVA/ 氧化石墨烯纳米复合材料的氧指数进行比较,如图 4.15 和表 4.6 所示。

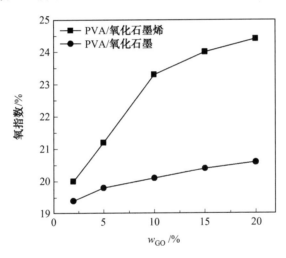

图 4.15 PVA/ 氧化石墨(烯)复合材料的氧指数

表 4.6 PVA/ 氧化石墨(烯)复合材料的氧指数

样品	$w_{GO}/\%$	LOI/%	$\triangle$ LOI/%	$\triangle$ LOI/w_{GO}
PVA	0	19.2	0	0
PVA/ 氧化石墨烯 纳米复合材料	2	20.0	0.8	0.40
	5	21.2	2.0	0.40
	10	23.3	4.1	0.41
	15	24.0	4.8	0.32
	20	24.4	5.2	0.26

续表4.6

样品	$w_{GO}/\%$	LOI/%	$\triangle$LOI/%	$\triangle$LOI/w_{GO}
PVA/氧化石墨复合材料	2	19.4	0.2	0.10
	5	19.8	0.6	0.12
	10	20.1	0.9	0.09
	15	20.4	1.2	0.08
	20	20.6	1.4	0.07

对于未形成纳米结构的PVA/氧化石墨复合材料而言,氧化石墨对于PVA阻燃性能的改善意义不大,甚至在氧化石墨(GO)用量达到20%时,氧指数(LOI)仅仅增加了1.4个单位。相比之下,具有纳米结构的PVA/氧化石墨烯纳米复合材料的阻燃性能改善显著,在氧化石墨烯用量仅为5%时,氧指数就已经增加了2.0个单位,而在氧化石墨烯用量为20%时,氧指数增加了5.2个单位。由此可见,纳米结构对于改善阻燃性能具有重要的意义。

在PVA/氧化石墨烯纳米复合材料中,随着氧化石墨烯用量的增加,体系先后出现了剥离结构和插层结构。为了比较不同结构的氧化石墨(烯)的阻燃效果,采用不同用量下单位质量氧化石墨(烯)对氧指数的贡献($\triangle$LOI/w_{GO})为参数,评价了单位用量氧化石墨(烯)的阻燃效率,如图4.16所示。

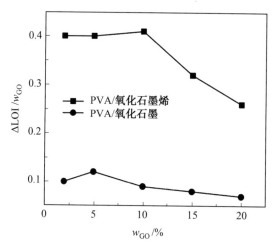

图4.16　单位用量氧化石墨(烯)的阻燃效率

对于 PVA／氧化石墨烯纳米复合材料，随着氧化石墨烯用量的增加，纳米复合材料的氧指数逐步增大。按照 $\Delta LOI/w_{GO}$ 的变化情况，可将氧指数变化分为两个阶段。在第一阶段，氧化石墨用量为 $2\% \sim 10\%$，此时纳米复合材料具有剥离型结构，$\Delta LOI/w_{GO}$ 在 0.4 左右，相当于每添加 1% 的氧化石墨烯，对体系氧指数的贡献为 0.4 个单位。在第二阶段，氧化石墨烯用量为 $10\% \sim 20\%$ 时，纳米复合材料具有插层型结构，氧指数增长变慢，$\Delta LOI/w_{GO}$ 表现出显著的下降趋势，在氧化石墨烯用量为 20% 时，每添加 1% 的 GO 对体系氧指数的贡献下降至 0.26 个单位。而对于 PVA／氧化石墨复合材料，$\Delta LOI/w_{GO}$ 的值始终在 0.1 附近变化，且随氧化石墨用量的增加而有所下降。由此可见，以不同结构和分散状态获得的氧化石墨（烯）对 PVA 阻燃性能的作用各异。纳米结构的形成有助于提高体系的氧指数，其中剥离型氧化石墨烯的阻燃效果较优。

2. 水平燃烧速率

水平燃烧实验方法可以确定材料在点燃后的燃烧速率，进而评价火焰的传播速率。同样，将 PVA／氧化石墨复合材料与 PVA／氧化石墨烯纳米复合材料的水平燃烧实验结果进行比较，见表 4.7。对于 PVA 而言，在水平燃烧实验过程中，火焰烧过标线，材料所具有的水平燃烧速率为 1.4 mm/s。添加 2% 的氧化石墨烯后，PVA／氧化石墨烯阻燃体系的水平燃烧速率下降到 0.9 mm/s，并在添加 5% 的氧化石墨烯后，发生自熄行为，火焰在到达标线前熄灭，熄灭所用时间为 40 s。在氧化石墨烯用量从 10% 增加到 20% 时，火焰到达标线前熄灭的时间减少了 9 s。由此可见，PVA／氧化石墨烯阻燃体系对于抑制火焰的传播具有积极意义。

表 4.7　PVA／氧化石墨（烯）复合材料的水平燃烧实验结果

样品	$w_{GO}/\%$	火焰熄灭时间 /s
PVA／氧化石墨烯 纳米复合材料	5	40
	10	39
	20	30
PVA／氧化石墨 复合材料	5	53
	10	45
	20	42

对于 PVA／氧化石墨阻燃体系，也能观察到显著的抑制火焰传播的作用，在添加 5% 的氧化石墨后，阻燃体系也发生自熄行为，火焰在到达标线

前熄灭,熄灭所用时间为 53 s。进一步增加氧化石墨的用量,发现其阻燃效果弱于氧化石墨烯体系的阻燃效果。在氧化石墨用量从 10% 增加到 20% 时,火焰到达标线前熄灭的时间仅减少了 3 s。

4.3.3　热降解过程

1. PVA 的热降解

在氮气保护下,PVA 的 TG 曲线如图 4.17 和表 4.8 所示。从图 4.17 可以看出,PVA 的热降解过程表现为 3 个阶段:第一阶段的温度范围为 50～200 ℃,此阶段热失重为 5%,气相产物以水为主,导致热失重的原因在于 PVA 吸附的水分。第二阶段的温度范围为 200～400 ℃,此阶段的热失重为 70%,气相产物以水和羰基化合物为主,导致热失重的主要原因在于大分子链间脱水及主链断裂;第三阶段的温度范围为 400～500 ℃,此阶段失重为 17%,气相产物以 CO_2 和碳氢化合物为主,导致热失重的主要原因在于主链断裂与残炭降解。PVA 在 500 ℃ 的热降解成炭量为 8%。

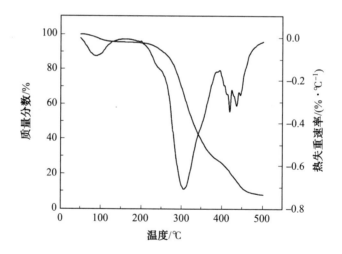

图 4.17　PVA 的热分析曲线

表 4.8　PVA 的热分析数据

热分析参数	阶段 Ⅰ	阶段 Ⅱ	阶段 Ⅲ
温度范围 /℃	50～200	201～400	401～500
质量损失率 /%	5	70	17
热失重峰温度 /℃	87	305	428

续表4.8

热分析参数	阶段 Ⅰ	阶段 Ⅱ	阶段 Ⅲ
最大热失重速率／(%·℃$^{-1}$)	0.08	0.71	0.34
气相产物	H_2O	H_2O,碳氢化合物	碳氢化合物,CO_2

一般认为 PVA 的热降解过程是典型的侧基脱除过程,热降解过程主要分两个步骤进行:首先,热降解发生在 200 ℃,以侧基脱水为主,气相产物主要是水,固相形成共轭多烯结构;其次,共轭多烯结构进一步降解,降解过程多发生在 400 ℃以上,固相成炭。从 PVA 的化学组成计算可知,若热降解完全以脱水方式进行,那么其热失重约为 40.9%。而实际上 PVA 在第二阶段的热失重已经到 70%(见表 4.8),同时,在热降解过程中发现气相产物存在大量的羰基化合物[4],由此可见,在该阶段同时发生了主链断裂。另外,与主链断裂相竞争的交联反应也同时发生。

在 PVA 热降解过程中,通过 Diels－Alder 反应形成分子间交联,是高温下进一步形成石墨炭结构的基础,反应如下:

2. PVA/氧化石墨烯的热降解

氧化石墨烯质量分数为 10% 的纳米复合材料(nano-PVA-GO)的热失重结果如图 4.18 和图 4.19 所示。比较 PVA、GO 和 nano-PVA-GO 的 TG 及 DTG 结果,见表 4.9,与 PVA 相比,nano-PVA-GO 的热降解过程具有如下特征:①nano-PVA-GO 的热稳定性较好,初始热降解温度(T_5)提高了 3 ℃;②nano-PVA-GO 在第二热降解阶段的热失重(53%)明显少于 PVA 在该阶段的失重(70%),说明 GO 的加入有效抑制了 PVA 的主链断裂,这将有利于交联成炭反应的进行;③nano-PVA-GO 在 500 ℃ 的残余量(24.5%)显著增加,是 PVA 在 500 ℃ 残余量的 3 倍以上,并显著高于理论计算的残余量,由此可见,GO 显著促进了 PVA 的热降解成炭。

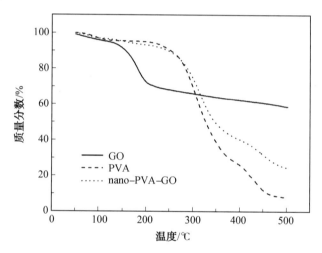

图 4.18　PVA/氧化石墨烯纳米复合材料的 TG 曲线

与 PVA 相比,nano-PVA-GO 的热降解失重峰发生了显著变化。在热降解的第一个阶段即出现了两个降解峰,分别对应于吸附水分的损失和少量 GO 的热降解;在第二阶段,其最大热失重温度(315 ℃)较 PVA 的最大热失重温度升高了 10 ℃,最大热失重速率(0.57%/℃)较 PVA 的最大热失重速率减少了约 20%,GO 抑制了主链断裂,促进了主链的交联反应,体系交联结构的形成有利于材料在热降解后期的稳定;在第三热降解阶段,其最大热降解峰的温度(452 ℃)则比 PVA 的最大热降解峰的温度升高了 24 ℃,最大热失重速率(0.20%/℃)比 PVA 的最大热失重速率降低了约 42%。

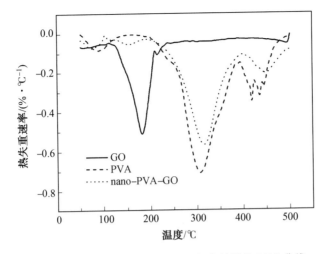

图 4.19 PVA/氧化石墨烯纳米复合材料的 DTG 曲线

表 4.9 PVA/氧化石墨烯纳米复合材料的热分析结果

热分析参数	PVA	GO	nano－PVA－GO
$T_5/℃$	157	123	160
$T_{10}/℃$	252	155	251
$T_{m_1}/℃$	87	182	76/153
$R_{m_1}/(\%·℃^{-1})$	0.08	0.51	0.07/0.06
$T_{m_2}/℃$	305	—	315
$R_{m_2}/(\%·℃^{-1})$	0.71	—	0.57
$T_{m_3}/℃$	428	—	452
$R_{m_3}/(\%·℃^{-1})$	0.34	—	0.2
500 ℃ 残余量/%	8.0	58.9	24.5

3. 纳米效应

根据氧化石墨(GO)与 PVA 的热失重曲线,经计算得到复合材料热降解的理论曲线,与 PVA/氧化石墨(PVA－GO)和 PVA/氧化石墨烯(nano－PVA－GO)的实验热分析曲线相比较,分析纳米结构对复合材料热降解过程的作用,结果如图 4.20、图 4.21 和表 4.10 所示。

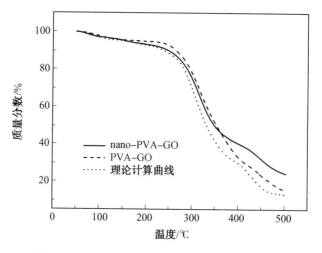

图 4.20　PVA/氧化石墨（烯）复合材料的 TG 曲线

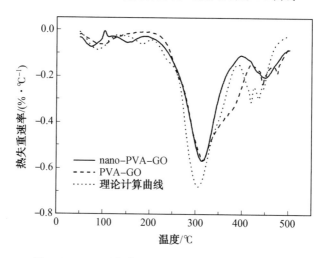

图 4.21　PVA/氧化石墨（烯）复合材料的 DTG 曲线

表 4.10　PVA/氧化石墨（烯）复合材料的热分析结果

热分析参数	理论计算值	PVA－GO	nano－PVA－GO
T_5 ℃	165	161	160
T_{10} ℃	245	265	251
T_{m_1} ℃	87	100	76/153
$R_{m_1}/(\% \cdot ℃^{-1})$	0.08	0.06	0.07/0.06

续表4.10

热分析参数	理论计算值	PVA－GO	nano－PVA－GO
T_{m_2} ℃	305	315	315
R_{m_2}/(%·℃$^{-1}$)	0.68	0.56	0.57
T_{m_3} ℃	428	445	452
R_{m_3}/(%·℃$^{-1}$)	0.31	0.22	0.2
500 ℃ 残余量 %	13.1	15.8	24.5

以初始热降解温度(T_5)比较可见,PVA－GO 和 nano－PVA－GO 的热稳定性低于理论计算值,由于 PVA 和 GO 在热失重为 5% 时均以脱出吸附水分为主,因此热稳定性差异的主要原因是样品吸水率的不同。进一步比较 T_{10} 可以发现,与理论计算曲线相比,PVA－GO 和 nano－PVA－GO 热降解温度分别提高了 20 ℃ 和 6 ℃,表明 GO 对 PVA 有一定的热稳定作用,可延缓 PVA 的热降解,nano－PVA－GO 的热降解温度比 PVA－GO 的热降解低,原因在于以纳米分散的 GO 与 PVA 的作用增强,受热时能够同时引起 GO 热分解与 PVA 分子链间的脱水反应。

从热降解过程来分析,与理论曲线相比,PVA－GO 和 nano－PVA－GO 的第二和第三热失重峰向高温度移动,表明 GO 对 PVA 主链具有一定的稳定作用。在 200～400 ℃ 区间,热失重峰的形状发生了显著变化,说明 GO 的加入改变了 PVA 热降解的方式,抑制了主链的热降解。PVA－GO 和 nano－PVA－GO 的明显不同之处在于:PVA－GO 的 DTG 曲线在 350～410 ℃ 之间出现肩峰,而 nano－PVA－GO 没有肩峰。TG 和 DTG 的实验结果表明,在 300～400 ℃,PVA 的热降解方式以主链断裂为主,因此,在热失重主峰高温侧出现的肩峰应与 PVA 的主链断裂有关。在 nano－PVA－GO 的热降解过程中,GO 的氧化分解促进了 PVA 的交联反应,肩峰的消失表明 PVA 的主链断裂受到了抑制,而在 PVA－GO 的 DTG 曲线中仍具有明显的肩峰,表明在此过程中仍发生了大量的主链断裂。

对于热降解成炭,PVA－GO 和 nano－PVA－GO 在 500 ℃ 的残余量均高于理论计算结果,说明 GO 具有一定的促进成炭的作用。特别是 nano－PVA－GO,成炭量大幅度增加,可归因于纳米结构的促进成炭作用。在 nano－PVA－GO 的热降解过程中,250 ℃ 之后,热降解以侧基脱水和交联反应为主,而主链断裂受到抑制,有利于成炭的增加,而 PVA－GO 由于仍然发生了大量的主链断裂,因此成炭量较低。

综上所述,GO 的加入提高了复合材料中 PVA 的主链热降解温度,并促进了成炭。而这些作用在形成纳米结构后得以进一步提高,纳米结构的形成有效地发挥了氧化石墨烯促进交联成炭、抑制主链断裂的作用,因此其成炭量大大增加;对于非纳米结构的复合材料,尽管在一定程度上促进了交联反应,但在热分解过程中,仍然发生了大量的主链断裂,与纳米复合材料相比,其成炭量相对较低。

4.3.4　凝缩相成炭

1. PVA 成炭过程

对于 PVA 的热降解过程仍有些问题有待进一步解释。例如,紫外吸收光谱的研究结果表明,虽然侧基脱除生成了不饱和双键,但是,这些双键并没有形成大量的共轭结构。PVA 的热降解过程与其所处状态有关,固态时以脱水过程为主,而处于熔融状态时即有脱水过程,还包含主链的断裂。为了进一步解析 PVA 的热降解过程,图 4.22 和图 4.23 给出了采用 XPS 准原位方法测定的热降解过程中 C1s 和 O1s 相对强度的变化情况。

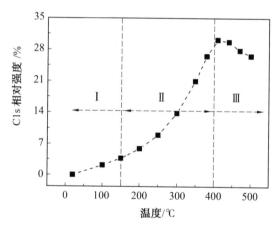

图 4.22　PVA 热降解过程中 C1s 相对强度的变化情况

根据 C1s 和 O1s 相对强度变化的情况,可将实验温度范围分为 3 个区域:① 第一区,20 ～ 150 ℃,此为去除表面污染和脱去小分子物质的过程,与热分析结果的第一阶段相对应;② 第二区,150 ～ 400 ℃,此为 PVA 的热降解区,自 150 ℃ 开始,C1s 和 O1s 的相对强度逐渐发生了明显的变化,说明此时已经开始了侧基消除过程,而这一温度比热分析结果(200 ℃)低,主要因为 XPS 是一种极为灵敏的表面分析技术,可检测到表面的微弱变化;在150～300 ℃,C1s相对强度逐渐增大,说明交联反应不断发生,热分解产物已具备一定的凝胶含量,在300～400 ℃,C1s相对强度增加的速度明显加快,表明发生了大量的交联反应,而从热分析数据可知,到350 ℃时,热失重已接近62%,此时主链断裂已成为热失重的主要原因,主链断裂与交联反应之间的竞争将决定最终成炭量的多少;③ 第三区,400～500 ℃,前一阶段产物进一步交联,形成类石墨结构,由于高温下表面不可避免地发生氧化导致C1s相对强度略有下降,O1s相对强度略有增加。

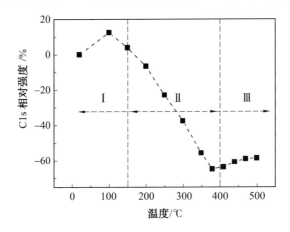

图 4.23　PVA 热降解过程中 O1s 相对强度的变化情况

C1s和O1s的曲线拟合结果将提供结构变化的一些信息,如图4.24和图4.25所示。PVA不能直接由乙烯醇聚合而得,通常由乙酸乙烯聚合生成聚乙酸乙烯,醇解后生成PVA,因此,PVA中常含有少量的未发生醇解的乙酸基团,在对C1s进行曲线拟合时可发现COO基团。与C原子相连的各基团随温度的变化同样具有以上3个区域的变化情况:第一区中各基团含量基本不变,表面污染碳数量的减少导致C—C(sp³)的数量有所下降;第二区是PVA的主要降解阶段,同样具有两个阶段的变化过程:在150～300 ℃之间,以侧基脱水为主,C—O的数量迅速下降,同时可以看到C=O的数量少量增加,这与采用TG－FTIR得到的结果一致,但同时发现C—C(sp³)的数量有所增加,C1s相对强度在此区域不断增加,交联反应的发生也可能是导致C=C被消耗的原因之一;在300～400 ℃,热降解以主链断裂为主,产生大量的羰基化合物,在这一阶段,C—O的数量下降速度变缓,而C—C(sp³)的数量不断增加及C1s相对强度的迅速增加表明发生了大量的交联反应;第三区中最明显的变化在于C=C(sp²)的数量的迅速增加,C—C(sp^3)的数量不断减少。根据 XPS 实验结果,此时样品的荷电已经为 0,并且 C1s 谱在高结合能端出现不对称拖尾,可知此时热降解产物已经具有类石墨结构,此时的热失重主要是由于类石墨化过程中生成了一些脂肪烃或芳香烃产物。PVA 热降解产物中仍保留了部分氧,O原子与 C 原子的键接方式同时包括单键和双键两种方式,如图 4.24 和图 4.25 所示。

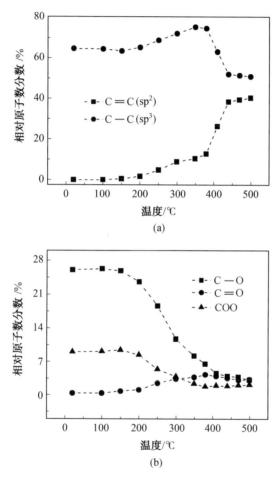

图 4.24　PVA 热降解过程中 C1s 的拟合结果

综上所述,PVA 的热降解从 150 ℃ 就已经开始了,热降解过程分为 3 个阶段:① 第一阶段,150 ~ 300 ℃,主要为脱水过程,该阶段热失重为 28%,说明仍有部分羟基未发生脱水反应,同时 C=O 的数量有所增加,说明在热降解过程中存在一定的结构转变,消耗了形成的双键,而一定程度

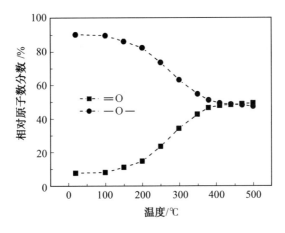

图 4.25 PVA 热降解过程中 O1s 的拟合结果

的交联反应也是造成双键数量较少的原因之一;② 第二阶段,300 ～ 400 ℃,热降解以主链断裂和交联反应为主,350 ℃ 时热失重已接近 62%, 已经大于可能由脱水引起的热失重(理论计算值为 40.9%),说明大量的主 链断裂已经发生,气相产物中存在的各种羰基化合物、缩醛正是主链断裂 的结果;另外,C1s 相对强度迅速增加,说明交联反应也同时发生;③ 第三 阶段,400 ～ 500 ℃,此时的气相产物以低分子脂肪烃、芳香烃为主,此阶段 是进一步交联及石墨化的过程,XPS 实验结果表明,410 ℃ 时的产物已经 具有类石墨结构。

2. 纳米复合材料

采用 XPS 准原位方法研究了 nano－PVA－GO 的交联成炭过程,其 C1s 和 O1s 相对强度的变化情况如图 4.26 和图 4.27 所示。在 150 ℃ 之 前,nano－PVA－GO 的 C1s 和 O1s 相对强度的变化不大,主要是损失一 些小分子物质及吸附的水,可能存在少量 GO 的热分解,导致 C1s 的相对强 度略有增加。在 150 ℃ 之后,这是 nano－PVA－GO 的主要热降解阶段, C1s 和 O1s 相对强度呈现出与 PVA 类似的 3 个变化阶段,但各阶段温度范 围有所变化。

(1)第一阶段为 150 ～ 250 ℃,GO 热分解产生大量的石墨烯片层,导 致 C1s 相对强度迅速升高,nano－PVA－GO 的 O1s 相对强度的变化趋势 与 PVA 相似,说明 PVA 脱水过程是导致 O1s 相对强度大幅度降低的主要 原因,TG 结果表明 250 ℃PVA 的热失重为 10%,说明体系内仅有少量 PVA 发生了脱水反应。

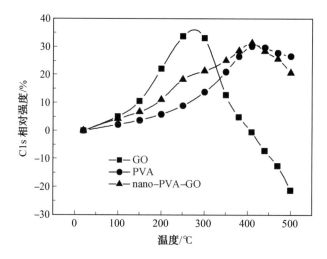

图 4.26　PVA/氧化石墨烯纳米复合材料热降解过程中 C1s 的相对
　　　　　强度变化

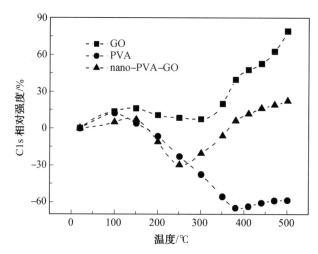

图 4.27　PVA/氧化石墨烯纳米复合材料热降解过程中 O1s 的相对
　　　　　强度变化

(2) 第二阶段为 $250 \sim 380$ ℃, nano－PVA－GO 的 O1s 相对强度不断升高, 这与 GO 的情况类似, 表明 GO 在表面形成了覆盖层。但与 GO 的不同之处在于: 其 C1s 相对强度不仅没有降低, 反而逐渐升高, 这一过程与 PVA 相似, 是 PVA 的交联成炭反应作用的结果, 由此可见, GO 表面迁移促进了 PVA 的交联成炭过程。由于 PVA 参与了表面炭层的形成, 因此与 GO 相比, nano－PVA－GO 表面的 $n_C : n_O$ 较高。

（3）第三阶段为 $380 \sim 500$ ℃，C1s 相对强度有所下降，O1s 相对强度不断增加，是热降解产物进一步交联成炭的过程。

热降解过程中的表面氧化将导致 $n_C : n_O$ 不断降低，如图 4.28 所示。在 300 ℃ 之后，PVA/GO 纳米复合材料的 $n_C : n_O$ 的变化趋势与 GO 类似，说明在纳米复合材料的表面形成了 GO 热分解产物的表面覆盖层，而由于 PVA 的交联成炭参与了表面覆盖层的成炭，因此，与 GO 相比，nano－PVA－GO 表面的 $n_C : n_O$ 较高。如图 4.29 所示，C1s 拟合曲线进一步分析了表面炭层结构的变化。

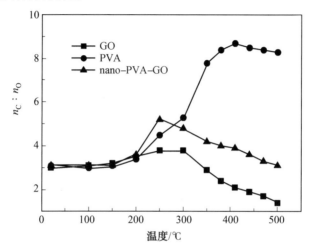

图 4.28 PVA/ 氧化石墨烯纳米复合材料热降解过程中的 $n_C : n_O$

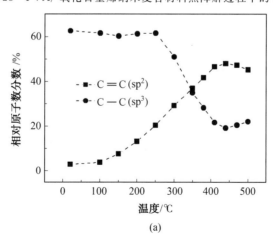

(a)

图 4.29 PVA/ 氧化石墨烯纳米复合材料热降解过程中 C1s 的拟合结果

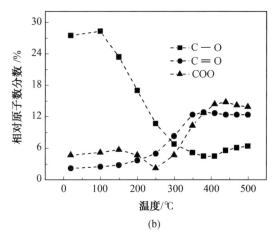

续图 4.29

从 C1s 拟合结果可见,150～250 ℃,GO 的热分解导致表面产生了大量的类石墨结构,C＝C(sp^2)数量增加,C＝O 数量的略微增加表明此时表面已经发生了部分氧化,表面 PVA 的脱水过程是 C—O 数量大幅减少的主要原因,而此时 PVA 主链尚处于稳定状态,因此 C—C(sp^3)的数量基本不变;在 250～380 ℃ 之间,C＝O 和 COO 数量增长得较快是表面氧化的结果,C＝O 和 COO 的存在有利于 Diels—Alder 反应,促进了 PVA 的交联成炭反应,表面炭层的不断累积导致 C＝C(sp^2)的数量继续增加,C—C(sp^3)数量大幅下降,而 C—O 数量的不断减少是 PVA 以脱水方式热降解的结果,由此可见,在这一过程中,PVA 的热降解方式仍然以脱水为主,同时由于表面氧化而促进的交联反应也成为重要过程,是导致最终成炭量大幅度增加的主要原因;380 ℃ 之后,则是热降解产物进一步稳定的过程,由于表面已经形成了稳定的类石墨结构,因此炭层结构变化较小,到 500 ℃ 时,C＝C(sp^2)类石墨已成为热降解产物的主要结构,这一点与 PVA 区别显著,尽管 PVA 热降解产物也表现出类石墨化结构,但 C—C(sp^3)仍占有主要优势,由此可见,GO 不仅促进了纳米复合材料的成炭,而且成炭结构更接近于石墨结构,其稳定性更高,这对阻燃性能的提高是有益的。

PVA 热降解产物中仅残留了少量的氧($n_C:n_O$=8.3:1),而且以双键和单键两种方式键接的 O 原子数量相当;在 nano—PVA—GO 的热降解产物中,氧化反应的存在导致表面出现了较多的 O 原子($n_C:n_O$=3:1),而且热降解产物中 O 原子的键接方式也发生了很大变化,如图 4.30 所示。

nano—PVA—GO热降解产物中C与O的键接方式以双键为主,这一结果与C1s拟合结果一致,证明热降解过程中发生了大量的表面氧化。而其中离子化O原子数量的变化较小,其可能原因在于GO促进了nano—PVA—GO的交联成炭,这在一定程度上限制了离子化O原子在表面的积累,因此,其表面数量变化有限。

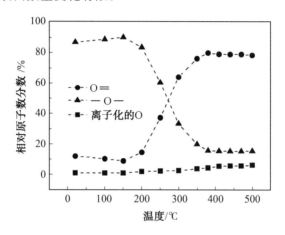

图4.30　PVA/氧化石墨烯纳米复合材料热降解过程中O1s的
拟合结果

3.阻燃机理

结合TG和XPS实验结果,对纳米复合材料中GO的作用方式与阻燃机理探讨如下:

(1)nano—PVA—GO的热稳定性。与PVA相比,nano—PVA—GO的初始热降解温度变化不大,但从DTG结果看来,纳米复合材料在100～200 ℃有一个新的热失重峰出现,证明是GO的热分解峰,因此,对于纳米复合材料而言,早期的热失重是由于GO的热分解产生的,GO是影响纳米复合材料热稳定性的重要原因。

(2)PVA的热降解过程。从TG实验结果可发现,PVA大量脱水的热降解过程从200 ℃开始,而nano—PVA—GO中PVA的脱水热降解过程在250 ℃才开始大量发生,这一现象与GO的热分解过程密切相关,GO的热分解过程是一个强烈的氧化分解的过程,热分解的同时引发氧化反应,产生较多的C═O,能促进不饱和双键及共轭烯烃之间的Diels—Alder反应,形成分子间交联,有利于提高PVA的热稳定性,因此,nano—PVA—GO的第二和第三热失重峰右移,热失重速率大大降低。

(3)表面炭层的形成。在受热过程中,GO分解在材料表面产生了大量的石墨片层结构,同时 GO 的氧化分解促进了 PVA 的交联成炭反应,因此,在 nano—PVA—GO 的热降解过程中,表面炭层同时含有 GO 的热分解产物及 PVA 的交联成炭。表面炭层主要发挥两种重要作用:① 可起到热屏蔽作用;② 促进 PVA 交联成炭反应。表面炭层的形成将对提高阻燃性能发挥积极的作用。

(4) 促进 PVA 的交联成炭反应。TG 研究结果表明,与 PVA 相比,nano—PVA—GO 在 500 ℃ 的残余量增长了 3 倍,XPS 结果表明,500 ℃ 的残余物表面出现了大量的以 sp² 成键的 C═C 类石墨结构,以上数据说明,GO 具有促进 nano—PVA—GO 成炭的作用。在进行 XPS 实验时,一般以污染碳的结合能为 285.0 eV 来判断样品荷电,并将荷电是否为 0 作为形成类石墨化结构的判据之一,而且 C1s 主峰结合能是石墨化程度的标志之一。由图 4.31 可见,nano—PVA—GO 的荷电在 250 ℃ 就已经消失,比 PVA(400 ℃)提前了 150 ℃,说明 nano—PVA—GO 可以更早地成炭;而且,nano—PVA—GO 的 C1s 最小结合能更接近于石墨的相关值。因此,nano—PVA—GO 不仅具有更高的成炭量,而且成炭具有更稳定的类石墨结构。

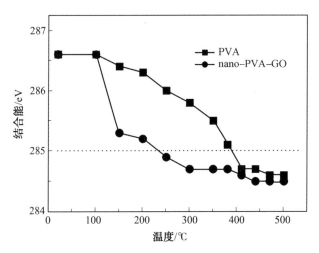

图 4.31　PVA/ 氧化石墨烯纳米复合材料热降解过程中 C1s 的结合能变化

4.4 聚丙烯酸酯／氧化石墨(烯)复合材料

4.4.1 结构与分散

1.结构

利用聚丙烯酸酯(polyacrylate,PAE)与氧化石墨烯复合,形成聚丙烯酸酯／氧化石墨烯纳米复合材料(nano－PAE),其中,氧化石墨的用量是影响 nano－PAE 形貌结构的重要因素。图 4.32 分别给出了氧化石墨用量(质量分数)为 2%(nano－PAE－2)、5%(nano－PAE－5)、10%(nano－PAE－10)和20%(nano－PAE－20)的 nano－PAE 的 XRD 谱图。

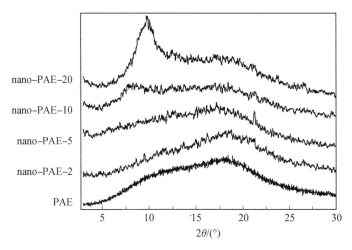

图 4.32 PAE/氧化石墨烯纳米复合材料的 XRD 谱图

氧化石墨的(001)衍射峰出现在 2θ 为 $10.9°$,PAE 为非晶态高聚物,无尖锐衍射峰出现。nano－PAE－2 和 nano－PAE－5 的 XRD 谱图与 PAE类似,为非晶状态,氧化石墨的(001)衍射峰消失,由于在更小的 2θ 角度并没有衍射峰出现,说明形成了以剥离型结构为主的纳米复合材料。在氧化石墨用量由 10% 增加到 20% 的过程中,nano－PAE－10 和 nano－PAE－20 中氧化石墨的(001)衍射峰的强度出现了明显的增强,表明体系中含有氧化石墨的层状结构。

由表 4.11 可见,nano－PAE 在氧化石墨用量不同时具有不同的结构特征。在氧化石墨用量较低时(2%～5%),纳米复合材料的 XRD 谱图中氧化石墨的(001)衍射峰消失,而且在更小的 2θ 范围($2°\sim7°$)内没有衍射峰出现,仅表现为 PAE 的非晶态结构,可以判定此时纳米复合材料的形貌结构以剥离型结构为主。在氧化石墨用量较高时($10\%\sim20\%$),在 2θ 为 $8°\sim10°$ 的位置出现氧化石墨的(001)衍射峰,氧化石墨吸收水分的不同导致氧化石墨衍射峰的位置有所差异,可见,体系内存在未剥离的氧化石墨。

表 4.11　PAE/氧化石墨烯纳米复合材料的 XRD 数据

样品	$w_{GO}/\%$	2θ 范围		
		$2°\sim7°$	$7°\sim15°$	$15°\sim25°$
GO	—	—	10.9	—
PAE	0	—	—	18.4
nano－PAE－2	2	—	—	18.4
nano－PAE－5	5	—	—	18.4
nano－PAE－10	10	—	8.3	18.4
nano－PAE－20	20	—	9.8	18.4

2.分散

对氧化石墨用量为 5% 的 nano－PAE－5 进行了 TEM 分析。由图 4.33 可见,大部分氧化石墨片层呈现出不规则分布,证明了 nano－PAE－5 为一种以剥离型结构为主的纳米复合材料。

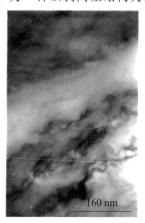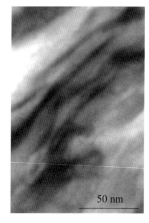

160 nm　　　　　　　　50 nm

图 4.33　氧化石墨用量为 5% 的 PAE 纳米复合材料的 TEM 图片

氧化石墨用量是影响 PAE/氧化石墨纳米复合材料形貌结构的重要因素,在氧化石墨用量为 5% 时,可制备得到剥离型为主的 PAE/氧化石墨纳米复合材料,而在氧化石墨用量超过 10% 之后,体系中即已出现未剥离分散的氧化石墨。

4.4.2 阻燃性能

1. 氧指数

将 PAE/氧化石墨复合材料与 PAE/氧化石墨烯纳米复合材料的氧指数进行比较,如图 4.34 和表 4.12 所示。随着氧化石墨用量的增加,PAE/氧化石墨烯纳米复合材料的氧指数呈现出增长趋势,根据氧指数数值的变化趋势,可将其分为两个阶段:第一阶段,GO 用量为 2% ～ 5%,氧指数表现出快速增长的特征,特别是在氧化石墨用量仅为 2% 时,体系氧指数(22.2%)与 PAE(18.8%)相比提高了 3.4 个氧指数单位;第二阶段,GO用量为 10% ～ 20%,氧指数增长缓慢,变化不大。从 GO 用量为 10% 的体系到 GO 用量为 20% 的体系,氧指数仅增加了 0.1 个氧指数单位,而这一数值在氧指数测试误差范围之内。随着氧化石墨用量的增加,PAE/氧化石墨复合材料的氧指数略有增加,但变化不大,当 GO 用量为 20% 时,氧指数(20.0%)与 PAE 的氧指数相比,仅增加了 1.2 个氧指数单位。

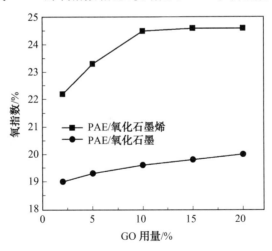

图 4.34 PAE/氧化石墨（烯）复合材料的氧指数对比

若以 $\Delta LOI/w_{GO}$ 的值来评价每添加 1% 的氧化石墨对体系的氧指数的影响,由图 4.35 可知,在氧化石墨用量为 2% 时,该比值可达到 1.7,对体系氧指数的贡献最大,而这种效应随氧化石墨用量的增加而逐渐减弱,当氧化石墨用量为 20% 时,该比值仅为 0.3。在氧化石墨用量达到 10% 之后,纳米复合材料中已经出现形貌结构未发生变化的氧化石墨,因此,体系氧指数的变化应与纳米复合材料的形貌结构有关。而从 $\Delta LOI/w_{GO}$ 的值看来,氧化石墨的加入对 PAE/氧化石墨复合材料氧指数的贡献不大,所有值均未超过 0.1。

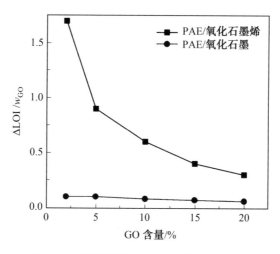

图 4.35　单位用量氧化石墨(烯)的阻燃效率

表 4.12　PAE/氧化石墨(烯)复合材料的氧指数

样品	$w_{GO}/\%$	LOI/%	$\Delta LOI/\%$	$\Delta LOI/w_{GO}$
PAE	0	18.8	0	0
PAE/氧化石墨烯纳米复合材料	2	22.2	3.4	1.7
	5	23.3	4.5	0.9
	10	24.5	5.7	0.6
	15	24.6	5.8	0.4
	20	24.6	5.8	0.3
PAE/氧化石墨复合材料	2	19.0	0.2	0.10
	5	19.3	0.5	0.10
	10	19.6	0.8	0.08
	15	19.8	1.0	0.07
	20	20.0	1.2	0.06

通过以上分析可以说明,氧指数迅速增长的原因应在于形成了纳米复合结构,即氧化石墨的充分剥离形成氧化石墨烯,从而表现出一定的纳米效应。从实验结果可以看到,将氧化石墨单纯地加入到 PAE 中,在没有形成纳米结构时,体系的氧指数将不会有太大改善。由此可见,未剥离的氧化石墨对体系氧指数的贡献很小,随着氧化石墨用量的增加,非纳米结构材料的氧指数仅表现出微弱的增长。充分剥离的氧化石墨烯使纳米复合材料的氧指数在氧化石墨用量仅为 2% 时,就表现出迅速增加的特征,这应归因于纳米效应。纳米结构可有效促进 PAE 交联成炭,表面稳定的类石墨炭层的形成有效阻止了热和氧的侵入,抑制了燃烧,而一旦体系中出现了非纳米结构的氧化石墨,其对氧指数的贡献将很少。

2. 水平燃烧速率

将 PAE／氧化石墨复合材料与 PAE／氧化石墨烯纳米复合材料的水平燃烧测试结果进行比较,见表4.13。对于 PAE 而言,在水平燃烧测试过程中,火焰烧过标线,材料的水平燃烧速率为 2.0 mm/s。添加 2% 的氧化石墨烯后,阻燃体系发生自熄行为,火焰在到达标线前熄灭,熄灭所用时间为 47 s,并在氧化石墨烯用量增加到 5% 时,火焰熄灭所用的时间降低到 41 s。在氧化石墨烯用量从 10% 增加到 20% 时,火焰到达标线前熄灭的时间减少了 3 s。由此可见,PVA／氧化石墨烯阻燃体系对于抑制火焰的传播具有积极意义。

表 4.13　PAE／氧化石墨(烯)复合材料的水平燃烧测试结果

样品	w_{GO}/%	火焰熄灭时间 /s
PAE／氧化石墨烯 纳米复合材料	5	41
	10	32
	20	29
PAE／氧化石墨 复合材料	5	80
	10	60
	20	45

对于 PAE／氧化石墨阻燃体系,也能观察到显著的抑制火焰传播的作用,在添加 5% 的氧化石墨后,阻燃体系也发生自熄行为,火焰在到达标线前熄灭,熄灭所用时间为 80 s。进一步增加氧化石墨的用量,抑制火焰传

播的效果加强。在氧化石墨用量从 10% 增加到 20% 时,火焰到达标线前熄灭的时间仅减少了 15 s,但其火焰熄灭时间仍较长。

4.4.3　热降解

1. PAE 热降解

在氮气保护下,聚丙烯酸酯(PAE)的热分析曲线结果在图 4.36 中给出。PAE 的热降解从 350 ℃ 开始,到 440 ℃ 结束,热降解过程一步完成,最大热失重速率为 3.46%/℃,相应温度为 407 ℃,500 ℃ 的残余量为 1.8%。

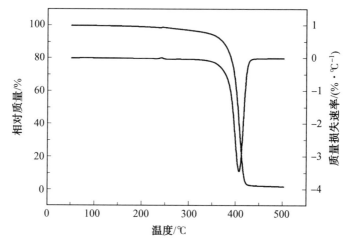

图 4.36　PAE 的热分析曲线

PAE 的热降解机理主要以自由基解聚以及侧基脱除两种方式为主。PAE 的热降解过程一步完成,说明热降解以自由基解聚为主。同时,少量残余物的存在证明还有部分的侧基脱除过程。

PAE 的侧基以酯基为主,研究表明,在聚丙烯酸酯的热降解过程中,酯基主要发生以下 3 个反应:① 侧基完全脱除,生成多烯结构;② 酯键断裂,生成丙烯酸,而后进行环化反应;③ 直接与丙烯酸进行环化反应。环化反应发生的温度一般为 200 ~ 300 ℃,环化物在高温下继续分解,释放出大量的 CO_2、CO 及其他许多复杂的裂解产物,并在凝缩相形成残余炭。因此,侧基脱除反应的最终结果是导致成炭。

PAE 热降解过程中可能存在的环化反应为

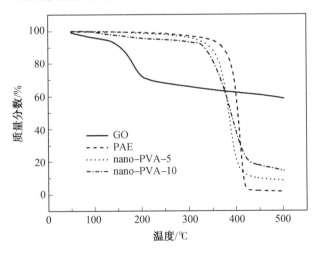

2. PAE/氧化石墨烯的热降解

　　图4.37和图4.38揭示了用量为5％和10％氧化石墨烯的PAE/氧化石墨烯纳米复合材料的热降解过程。与PAE相比,加入GO形成纳米复合材料后,nano－PAE－5和nano－PAE－10体系初始热降解的温度分别提前了23 ℃和89 ℃;最大热失重速率分别下降了约37％和70％;两个体系在500 ℃的残余量分别增加了7.2％和13.7％。

图4.37　PAE/氧化石墨烯纳米复合材料的热分析曲线

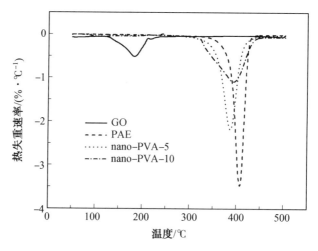

图 4.38　PAE/氧化石墨烯纳米复合材料的 DTG 曲线

　　与 PAE 相比,纳米复合材料的初始热降解温度下降,并随着氧化石墨用量的增加而进一步下降(表4.14)。与氧化石墨的热分解温度相比,该温度仍然较高,产生这种现象的原因可能在于:① 氧化石墨的热稳定性较低,导致纳米复合材料初始热降解温度降低;② 形成纳米复合结构后,氧化石墨与 PAE 相作用,在一定程度上稳定了氧化石墨,从而使纳米复合材料的初始热降解温度与氧化石墨相比又有了很大程度的提高。但随着氧化石墨用量的增加,氧化石墨用量较高的纳米复合材料的热降解温度降低。

表 4.14　PAE/氧化石墨烯纳米复合材料的热分析结果

热分析参数	GO	PAE	nano－PAE－5	nano－PAE－10
$w_{GO}/\%$	—	0	5	10
$T_5/℃$	123	341	318	252
$T_{10}/℃$	155	372	347	334
$T_m/℃$	182	407	385	392
$R_m/(\% \cdot ℃^{-1})$	0.51	3.46	2.18	1.05
500 ℃ 残余量/%	58.9	1.8	9	15.5

　　与 PAE 相比,纳米复合材料的最大热失重速率大大降低,尽管 DTG 曲线仍只出现了一个热失重峰,但热失重峰的形状发生了显著变化,相应的热失重温度范围变宽,特别是对于氧化石墨用量为 10% 的纳米复合材料,其变化尤为明显,这一点表明氧化石墨的加入可能促进了部分 PAE 热

降解的提前发生,有利于形成氧化石墨炭层,从而有效降低了热失重速率,nano－PAE－10 的 R_m 比 PAE 的 R_m 降低了约 70%。

3. 纳米效应

对纳米结构(nano－PAE－10)和非纳米结构(PAE－10)的 PAE/氧化石墨复合材料进行了热分析研究,结果如图 4.39、图 4.40 和表 4.15 所示。

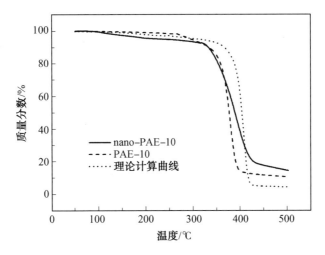

图 4.39 PAE/氧化石墨(烯)复合材料的 TG 曲线

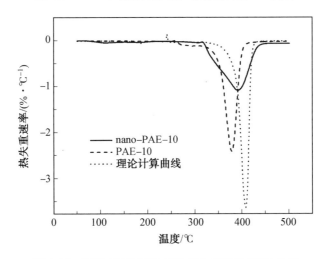

图 4.40 PAE/氧化石墨(烯)复合材料的 DTG 曲线

表 4.15　PAE/氧化石墨(烯)复合材料的热分析结果

热分析参数	理论计算值	PAE－10	nano－PAE－10
$w_{GO}/\%$	10	10	10
$T_5/℃$	288	298	252
$T_{10}/℃$	361	336	334
$T_m/℃$	409	379	392
$R_m/(\%\cdot℃^{-1})$	3.6	2.4	1.05
500 ℃ 残余量/%	7.9	10.8	15.5

比较纳米复合材料、非纳米复合材料的测试值及理论计算值,有如下特点:

(1)热稳定性。nano－PAE－10 具有较低的初始热降解温度(T_5),而 PAE－10 的初始热降解温度较高。由于纳米分散的氧化石墨具有相当大的比表面,容易受热分解,同时,较大的比表面积有利于氧化石墨与 PAE 之间的相互作用,而引发 PAE 的早期降解,导致热稳定性降低。进一步比较 T_{10} 可以发现,nano－PAE－10 和 PAE－10 的 T_{10} 相近,均低于理论计算曲线,由此可见,两种体系中氧化石墨对于 PAE 降解的作用是相同的,均引发了 PAE 的早期降解。纳米效应的作用使其在纳米体系中更为突出。

(2)热降解过程。PAE 的热降解过程一步完成,在 DTG 曲线上只出现单一、尖锐的热失重峰。理论计算曲线与 PAE 相似,而 nano－PAE－10 和 PAE－10 均表现出多个较宽的热失重峰。对于 PAE－10,在 250～330 ℃ 即出现了明显的第一热降解峰,在 250 ℃ 时,热失重仅为 1.8%,热失重的主要原因在于氧化石墨的热分解,而到了 330 ℃,热失重已经接近10%,考虑到复合材料中氧化石墨的用量仅为 10%,那么,在这一过程中已经发生了 PAE 的热降解,因此,产生第一热降解峰的原因即包括氧化石墨的大量热分解,同时还含有少量 PAE 热降解;在 330～420 ℃ 之间出现第二热降解峰则对应于体系内 PAE 的热降解过程,相应的最大热失重温度较纯 PAE 的最大热失重温度降低了约 30 ℃,可见,氧化石墨促进了 PAE热降解过程的提前发生。对于 nano－PAE－10,尽管仅出现了一个热失重峰,但该失重峰具有明显的多峰重叠现象,而且较宽的温度范围(310～440 ℃)也表明热失重过程不是一步完成的,在 310 ℃,热失重约为 7%,TG 的实验结果表明,在 150～350 ℃ 之间,氧化石墨热的分解促进了 PAE的热降解的早期发生,而 350～380 ℃ 则是纳米复合材料中 PAE 的主要热降解阶段,因此,在 310～440 ℃,存在两个过程:①310～350 ℃,氧化石墨的热分解促进了部分 PAE 的降解提前发生;②350～440 ℃,大量 PAE

发生了热降解。由此可见,纳米复合材料中 PAE 的热降解温度要低于非纳米结构复合材料的热降解温度,参与这部分降解过程的 PAE 数量也更多,这将有利于氧化石墨热分解产物在表面的积累。

(3) 热降解成炭。复合材料在 500 ℃ 的残余量均高于理论计算结果,说明氧化石墨具有一定的促进成炭作用,特别是在形成纳米复合材料后,更高的成炭量应归因于纳米结构的作用。在 350 ℃ 之后,表面积累了大量的氧化石墨热分解产物,形成表面覆盖层,这种表面覆盖层具有两种主要作用:① 可起到热屏蔽作用,阻止热量进一步扩散到内部的聚合物基体,显然,纳米复合材料的覆盖层热阻挡效果较好,使纳米复合材料的最大热失重温度较非纳米复合材料的最大热失重温度有所提高,且失重速率下降;② 表面覆盖层的存在,特别是在高温下表面覆盖层进一步氧化,抑制了 PAE 的自由基解聚过程,导致更多交联反应的发生,最终增加了热降解的残余量。

综上所述,氧化石墨降低了 PAE 的热分解温度,促进了热降解成炭。在形成纳米结构后,对纳米复合材料的热降解过程产生了显著影响,使纳米复合材料表现出较低的热稳定性、较低的热失重速率及较高的成炭量。

4.4.4 凝缩相成炭

1. PAE 成炭过程

采用 XPS 准原位测试对 PAE 热降解过程表面 $n_C : n_O$ 进行分析,结果如图 4.41 所示。在 $20 \sim 380$ ℃, $n_C : n_O$ 变化不大,这与 TG 结果相一致,由于 PAE 的热降解以自由基解聚为主,因此 $n_C : n_O$ 未发生显著变化;而在 $380 \sim 440$ ℃, $n_C : n_O$ 迅速增大,说明在此过程中,表面积累了大量的 C 原

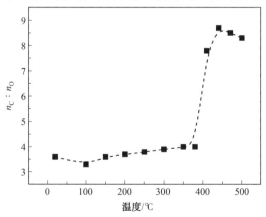

图 4.41　PAE 热降解过程中的 $n_C : n_O$

子,但由于自由基解聚并不成炭,因此,$n_C : n_O$ 增大的原因应在于少量侧基反应导致的交联成炭。

　　TG/XPS实验表明:①PAE在 $200 \sim 300$ ℃ 之间没有明显的热失重发生,而且表面 $n_C : n_O$ 也没有明显的变化;②500 ℃ 的残余量很少,仅为 1.8%,交联成炭量有限;③ 表面 $n_C : n_O$ 仅在 PAE 大量热分解之后才迅速增加,说明侧基反应所形成的炭较少,只有在 PAE 大量热分解后才得以在表面积累。因此,在 PAE 的热降解过程中,以自由基解聚为主,侧基脱除仅是 PAE 降解过程的一部分。

　　PAE 热降解过程中 C1s 曲线拟合结果如图 4.42 所示,在 $20 \sim 350$ ℃,C—O 数量略有下降,表明发生少量侧基反应;在 $350 \sim 440$ ℃,C—O 和 COO 的数量大幅度下降,同时出现了大量类石墨结构,热降解产物中残存了少量 O 原子。由此可见,$20 \sim 350$ ℃ 之间发生的侧基反应是形成最终类石墨炭的主要原因。

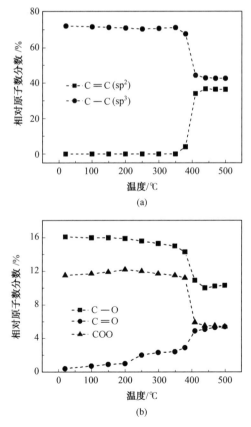

图 4.42　PAE 热降解过程中 C1s 曲线拟合结果

　　在 PAE 热降解过程中，C1s 和 O1s 的相对强度发生变化，如图 4.43 和图 4.44 所示，可见分为 3 个阶段：① 第一阶段，20 ～ 150 ℃，主要是去除表面污染和一些小分子物质的损失；② 第二阶段，150 ～ 350 ℃，C1s 的相对强度略有增加，而 O1s 的相对强度基本不变，从图 4.42 可知，在此过程中发生了少量 C—O 的断裂，说明发生了少量的侧基脱除，少量交联反应的发生导致 C1s 的相对强度略有增加；③ 第三阶段，350 ～ 500 ℃，C1s 的相对强度迅速增加，而 O1s 的相对强度大幅下降，表面出现了炭的累积，这部分炭应来自于 200 ～ 350 ℃ 少量侧基脱除反应的产物在高温下进一步交联成炭，由于只有少量侧基参与反应，因此热分析结果表明在 500 ℃ 仅有少量的残余物，且热分解残余物具有类石墨结构。

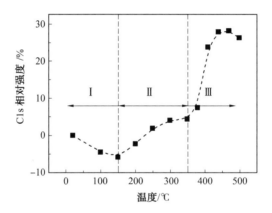

图 4.43　PAE 热降解过程中 C1s 的相对强度

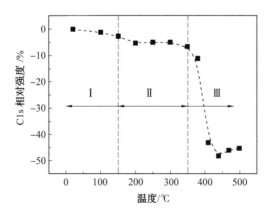

图 4.44　PAE 热降解过程中 O1s 的相对强度

　　综上所述,PAE 的热降解过程以自由基解聚为主,同时伴有少量的侧基脱除反应,侧基的脱除发生在 150 ～ 350 ℃ 范围内,是产生最终成炭的主要原因,由于参与反应的侧基数量有限,因此 500 ℃ 残余量较少。

2. 纳米复合材料

　　对氧化石墨用量为 5% 的纳米复合材料进行了 XPS 准原位测试,图 4.45 和图 4.46 给出了氧化石墨(GO)、PAE 及 PAE/氧化石墨烯纳米复合材料(nano－PAE－5)在热降解过程中的 C1s 和 O1s 相对强度的变化。

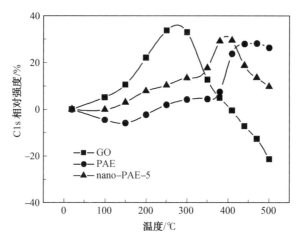

图 4.45　PAE/氧化石墨烯纳米复合材料热降解过程中 C1s 相对强度的变化

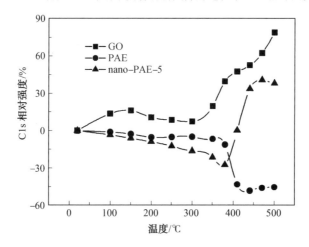

图 4.46　PAE/氧化石墨烯纳米复合材料热降解过程中 O1s 相对强度的变化

　　在 150～300 ℃，与氧化石墨相比，纳米复合材料的 C1s 相对强度并没有得到很大程度的提高，其主要原因可能在于氧化石墨在 300 ℃ 热分解产物的 $n_C : n_O$（3.8）与 PAE 的 $n_C : n_O$（3.9）极为接近，因此在该阶段纳米复合材料 C1s 相对强度的变化趋势与 PAE 相似。而与 PAE 相比，C1s 相对强度大幅增加的温度提前了 30 ℃ 左右，表明纳米复合材料中 PAE 的热降解温度大大提前，由此可见，氧化石墨的加入降低了体系的热稳定性，并促进了 PAE 热降解的提前发生。在 400～500 ℃，纳米复合材料 C1s 和 O1s 相对强度的变化趋势与氧化石墨相关变化趋势相似，表明此时形成了以氧化石墨的热分解产物为主的表面覆盖层。

　　对纳米复合材料 C1s 拟合曲线进行了分析，结果如图 4.47 所示。由图

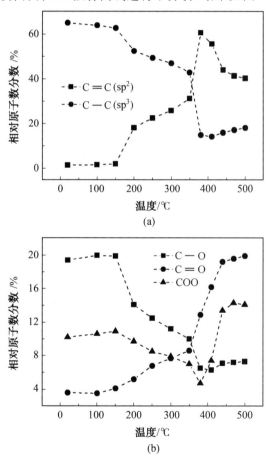

图 4.47　PAE/ 氧化石墨烯纳米复合材料热降解过程中 C1s 拟合曲线
　　　结果

4.47 可见,在 $150 \sim 200$ ℃,氧化石墨的热分解导致 C—O 大量断裂,并在表面产生了大量的类石墨结构($C = C$, sp^2),而在 $200 \sim 350$ ℃,随着温度的不断升高,类石墨结构在材料表面的数量也不断增加,同时 C—O 和 COO 的数量不断下降,这种现象说明,在氧化石墨热分解的同时,PAE 也发生了一定程度的热降解,TG 的实验结果也证明了这一点,在 $200 \sim 350$ ℃,热失重已接近 10%,远大于纳米复合材料中氧化石墨的用量(5%),表明氧化石墨促进了部分 PAE 的提前降解。

通过对比氧化石墨(GO)、PAE 及纳米复合材料(nano－PAE－5)热降解过程中 $n_C : n_O$ 的变化(图 4.48),三者的 $n_C : n_O$ 值在 $200 \sim 350$ ℃时相近,未发生显著变化,表明纳米复合材料中 PAE 的热降解仍以自由基解聚过程为主。$350 \sim 400$ ℃ 为纳米复合材料的最大热失重区间,此时,PAE 迅速降解,就热降解方式而言,如果 PAE 完全解聚,那么表面的 $n_C : n_O$ 应与氧化石墨在此时的热分解产物类似,但实验证明,纳米复合材料在 380 ℃ 的 $n_C : n_O$($5.7 : 1$)远大于氧化石墨热分解产物的 $n_C : n_O$($2.4 : 1$),由此可知 PAE 参与了交联成炭反应,以 sp^2 成键的 $C = C$ 数量的迅速增加也证明了这一点。因此,在 $350 \sim 400$ ℃,纳米复合材料中 PAE 的热降解方式既有自由基解聚,同时也有交联成炭反应。其中值得注意的是,TG 结果表明纳米复合材料的残余量与 PAE 的残余量相比有了很大程度的提高,氧化石墨用量为 5% 和 10% 的纳米复合材料在 500 ℃的残余量分别为 9% 和 15.5%,说明氧化石墨的加入有助于促进体系成炭。400 ℃ 之后,降解产物表面主要是氧化石墨的热分解产物和 PAE 的残炭,在 $400 \sim$

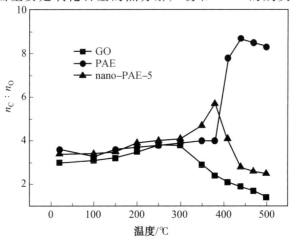

图 4.48　PAE/ 氧化石墨烯纳米复合材料热降解过程中的 $n_C : n_O$

500 ℃,C1s 和 O1s 相对强度以及 n_C:n_O 的变化趋势与氧化石墨相似,说明表面成炭的进一步氧化成为该阶段的主要过程,这与氧化石墨热分解产物在表面的不断累积密切相关。

3. 阻燃机理

对纳米复合材料中氧化石墨对 PAE 的热降解作用及其阻燃机理探讨如下:

(1)纳米复合材料的热稳定性降低。与 PAE 相比,纳米复合材料的初始热降解温度均有不同程度的下降,而且随着氧化石墨用量的增加而降低,其原因主要在于氧化石墨的分解。

(2)PAE 的热降解温度降低。纳米复合材料中 PAE 的早期热降解过程(200 ~ 300 ℃)与氧化石墨的热分解密切相关,通过 C1s 的曲线拟合及 n_C:n_O 的变化证明这一阶段 PAE 的热降解过程以自由基解聚为主。

(3)形成表面覆盖层。在受热过程中,氧化石墨受热分解,并促进了 PAE 的早期热降解,有利于在表面形成氧化石墨热分解产物的覆盖层,伴随 PAE 热降解的发生,最终在表面形成类石墨炭层,因而纳米复合材料热降解后期表现出类似于氧化石墨热分解过程的现象。

(4)促进 PAE 的交联成炭反应。纳米复合材料在 500 ℃ 的残余量得到了明显的提高,表面出现类石墨结构,说明氧化石墨具有促进纳米复合材料成炭及类石墨化的作用。C1s 主峰结合能的变化进一步证明了该结论,如图 4.49 所示,纳米复合材料的荷电在 350 ℃ 就已经消失,比 PAE 相关条件(440 ℃)提前了 90 ℃,说明纳米复合材料可以更早成炭,而且纳米

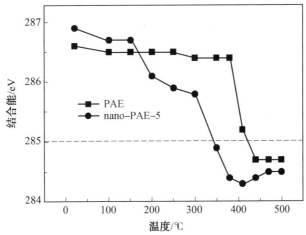

图 4.49 PAE/氧化石墨烯纳米复合材料热降解过程中 C1s 的结合能

复合材料的 C1s 最小结合能为 284.3 eV,PAE 的 C1s 最小结合能为 284.6 eV,证明纳米复合材料的成炭更接近于石墨结构。

本章参考文献

[1] DU J,ZHU J,WILKIE C A,et al. An XPS investigation of thermal degradation and charring on PMMA clay nanocomposites[J]. Polymer Degradation and Stability,2002(77):377-381.

[2] WANG J,DU J,ZHU J,et al. An XPS study of the thermal degradation and flame retardant mechanism of polystyrene-clay nanocomposites[J]. Polymer Degradation and Stability, 2002(77):249-252.

[3] DU J,WANG D,WILKIE C A,et al. An XPS investigation of thermal degradation and charring on poly(vinyl chloride)-clay nanocomposites[J]. Polymer Degradation and Stability,2003(79):319-324

[4] 李士贤,姚建,林定浩. 石墨[M]. 北京:化学工业出版社,1991.

[5] BRODIE M B C. Note sur un nouveau procédé pour la purification et la désagrégation du graphite[J]. Ann. Chim. Phys. ,1855(45):351-353.

[6] STAUDENMAIER L. Verfahren zur darstellung der graphitsäure[J]. Berichte der Deutschen Gesellschaft Baner,1898(31):1481.

[7] HUMMERS W S,OFFEMAN R E. Preparation of graphitic oxide[J]. Journal of the American Chemical Society,1958(80):1339.

[8] 赖盛刚,奚翚. 膨胀石墨密封材料及其制品[M]. 北京:中国石化出版社,1994.

[9] KOTOV N A,DÉKÁNY I,FENDLER J H. Ultrathin graphite oxide polyelectrolyte composites prepared by self-assembly:transition between conductive and non-conductive states[J]. Advanced Materials,1996,8 (8):637-641.

[10] PECKETT J W,TRENS P,GOUGEON R D,et al. Electrochemically oxidized graphite:characterisation and some ion exchange properties[J]. Carbon,2000,38(3):345-353.

[11] MERMOUX M,CHABRE Y. Formation of graphite oxide[J]. Synthetic Metals,1989(34):157.

[12] NAKAJIMA T,MATSUO Y. Formation process and structure of

graphite oxide[J]. Carbon,1994,32(3):469-475.

[13] 陈祖耀,朱继平,张增辉.可膨胀石墨的化学氧化法制备及其表征[J]. 中国科技大学学报,1998,28(2):205-210.

[14] HE H,KLINOWSKI J,FORSTER M,et al. A new structural model for graphite oxide[J]. Chemical Physics Letters,1998(287):53-56.

[15] MERMOUX M,CHABRE Y,ROUSSEAU A. FTIR and 13C NMR study of graphite oxide[J]. Carbon,1991,29(3):469-474.

[16] HONTORIA-LUCAS C,LÓPEZ-PEINADO A J,LÓPEZ-GONZÁLEZ J,et al. Study of oxygen-containing groups in a series of graphite oxides:physical and chemical characterization[J]. Carbon,1995,33(11):1585-1592.

[17] BOEHM H P. Surface oxides on carbon and their analysis:a critical assessment[J]. Carbon,2002,40(2):145.

[18] PAPIRER E,GUYON E,PEROL N. Contribution to the study of the surface groups on carbons-Ⅱ:spectroscopic methods[J]. Carbon,1978,16(2):133.

[19] NAKAJIMA T,MABUCHI A,HAGIWARA R. A new structure model of graphite oxide[J]. Carbon,1988,26(3):357.

[20] 韩志东,王建祺.氧化石墨的制备及其有机化处理[J].无机化学学报, 2003,19(5):459-461.

[21] RODRIGUEZ A M,JIMENEZ P V. Thermal decomposition of the graphite oxidation products[J]. Thermochimica Acta,1984(78):113-122.

[22] MATSUO Y,SUGIE Y. Preparation,structure and electrochemical property of pyrolytic carbon from graphite oxide[J]. Carbon,1998, 36(3):301-303.

名词索引